# 秦皇岛洋戴河平原海水入侵灾害研究

左文喆　李明彦　李昌存　王英　著

U0317094

北 京
冶金工业出版社
2014

## 内 容 提 要

本书对秦皇岛洋戴河平原海水入侵的分布范围、海水入侵类型、入侵过渡带的特征、入侵规律及入侵原因等进行了深入研究。通过数值模拟分析，确定了洋戴河平原地下水开采量的阈值，提出了洋戴河平原的地下水开采方案和海水入侵防治方案。

本书以秦皇岛洋戴河平原多年的监测结果为基础，数据可靠，内容翔实，对从事海咸水入侵研究的技术人员和研究生，具有参考价值。

**图书在版编目(CIP)数据**

秦皇岛洋戴河平原海水入侵灾害研究/左文喆等著. —北京：冶金工业出版社，2014.8
ISBN 978-7-5024-6641-1

Ⅰ.①秦… Ⅱ.①左… Ⅲ.①平原—海蚀—灾害防治—研究—秦皇岛市 Ⅳ.①P641 ②X523

中国版本图书馆 CIP 数据核字（2014）第 153031 号

出 版 人　谭学余
地　　址　北京市东城区嵩祝院北巷 39 号　邮编　100009　电话　(010)64027926
网　　址　www.cnmip.com.cn　电子信箱　yjcbs@cnmip.com.cn
责任编辑　徐银河　美术编辑　吕欣童　版式设计　孙跃红
责任校对　王佳祺　责任印制　李玉山
ISBN 978-7-5024-6641-1
冶金工业出版社出版发行；各地新华书店经销；北京百善印刷厂印刷
2014 年 8 月第 1 版，2014 年 8 月第 1 次印刷
169mm×239mm；6.75 印张；159 千字；99 页
**28.00 元**
冶金工业出版社　投稿电话　(010)64027932　投稿信箱　tougao@cnmip.com.cn
冶金工业出版社营销中心　电话　(010)64044283　传真　(010)64027893
冶金书店　地址　北京市东四西大街46号(100010)　电话　(010)65289081(兼传真)
冶金工业出版社天猫旗舰店　yjgy.tmall.com

（本书如有印装质量问题，本社营销中心负责退换）

# 前　　言

　　海水入侵是指在滨海地区由于人为超量开采地下水，引起地下水位大幅下降，海水与淡水之间的水动力平衡被破坏，导致咸淡水界面向陆地方向移动，海水侵入到淡水含水层系统的现象。

　　海水入侵是海岸地区普遍存在的问题。目前，全世界已经有几十个国家和地区发现了海水入侵问题。我国海水入侵主要发生在地下水开采量较大的沿海城市，如青岛、大连、莱州、龙口、蓬莱、烟台、秦皇岛等地区。海水入侵给当地经济造成很大损失，如水源井报废、农业减产、工业用水成本增加等，还严重破坏生态环境，造成水位下降、水质恶化、土壤盐渍化、耕地资源退化等次生环境问题，危害人体健康及人类赖以生存的自然环境，对社会发展造成诸多负面影响。

　　海水入侵研究已有百年历史，经历了静力学、渗流动力学和渗流—弥散动力学等研究阶段。近20年来，我国在海水入侵研究的各个方面均取得了重大进展，已经从单一问题的研究趋向于综合性研究，从简单的定性调查趋向定量化和模型化研究。开展滨海地区的海水入侵研究，对制定合理的地下水开发利用与管理方案，防止和减轻海水入侵的危害，不仅具有重要的理论和现实意义，同时还具有重要的社会意义。秦皇岛市是我国重要的旅游城市，秦皇岛洋戴河平原担负着北戴河海滨区的供水任务。秦皇岛独特的地貌特点，也决定了其海水入侵类型和特点有别于其他沿海地区，因此，系统开展秦皇岛市海水入侵研究，对丰富海水入侵理论、实现当地经济和环境的协调可持续发展具有重要价值。

　　本书在查阅大量国内外文献的基础上，对海水入侵的调查方法、主要指标体系及研究理论进行了归纳总结。结合秦皇岛洋戴河平原的地形地貌特点，采用剖面水质监测和电测探、电测井法，圈定了不同地貌区咸水层的平面和垂向分布规律，在重点区域利用电测深进行咸水界面运移规律的动态监测，查明了咸水界面沿水平方向的动态运移规律。综合确定了平原区海水入侵所处的发展阶段、发展速率及今后的发展趋势。建立了海水入侵数值模型，模拟预测了今后不同时期海水入侵可能发生的范围和程度，模拟对比了不同防治方案的海水入侵的动态变化。

本书共分为6章，第1章为海水入侵的基本理论；第2章介绍了秦皇岛洋戴河平原概况；第3章介绍了洋戴河平原海水入侵的发展形成过程、海水入侵调查方法、调查结果及其判断分析；第4章为海水入侵的数学模型和数值模拟；第5章针对海水入侵调查和数值模拟结果，提出了工作区海水入侵的防治方案；第6章为结论。

书中海水入侵的野外调查工作，是在财政部资助的"秦皇岛海水入侵调查评价"项目的基础上进一步开展的，河北省地矿局秦皇岛矿产水文工程地质大队在该项研究中做了大量工作，为本书提供了丰富翔实的基础资料。在野外调查中，一直得到该单位的大力支持。在数值模拟分析中，得到同济大学硕士研究生鲍俊的帮助。在此，对杨燕雄总工、项目组全体人员及鲍俊同学表示衷心的感谢！

本书的出版，得到了河北联合大学科研启动资金、河北省自然科学基金项目（项目编号：D2011209071）、河北省教育厅项目（项目编号：2009123）和司家营矿区地下水动态监测项目的支持，在此对相关单位和部门表示感谢！

本书部分图件由王斌海、程紫华绘制，在此，一并向他们表示感谢！

囿于作者水平，不足之处敬请广大专家和读者给予指正。

左文喆

2014 年 5 月

# 目　　录

# 1

❖❖❖❖❖

# 绪　　论

## 1.1　概述

海水入侵是指在滨海地区由于人为超量开采地下水，引起地下水位大幅下降，海水与淡水之间的水动力平衡被破坏，导致咸淡水界面向陆地方向移动，海水侵入到淡水含水层系统的现象。

海水入侵是海岸地区普遍存在的问题。目前，全世界已经有几十个国家和地区发现了海水入侵问题，如荷兰、意大利、比利时、法国、以色列、印度、日本等。我国有 18000km 长的大陆海岸线，海水入侵主要发生在地下水开采量较大的沿海城市，1964 年首先在大连市发现了海水入侵。随后，青岛市也出现海水入侵问题。大部分城市的海水入侵问题出现在 20 世纪 70 年代后期及 80 年代初期。到目前为止，中国沿海地区发生海水入侵的城市有十几座。沿海岸带从北到南，主要存在海水入侵问题的城市有大连市、营口市、葫芦岛市、秦皇岛市、莱州市、龙口市、蓬莱市、烟台市、威海市、青岛市、日照市、宁波市、温州市、湛江市及北海市等。这些城市海水入侵面积总计超过 900km$^2$。

海水入侵给当地经济造成很大损失，如水源地水井及农用机井报废、当地居民饮用水困难、农田减产以致绝收等。海水入侵使当地的资源、环境恶化，水位下降，水质恶化，地下水环境陷入恶性循环，自然生态系统逆向演替，大部分受灾地区的自然景观发生了变化，土壤生态系统失衡，耕地资源退化，使沿海脆弱的生态环境形势变得更加严峻。海水入侵给各国沿海地区带来严重危害，造成巨大经济损失，严重阻碍经济社会的持续发展。

全世界的沿海地区，多是人口最密集、经济最发达的区域，人口和经济的增长，对水资源的需求日益加大，而许多滨海地区可开采的淡水资源有限，海水入侵一旦形成，水资源供需矛盾会更加突出。所以开展滨海地区的海水入侵研究有其特殊的重要性。开展海水入侵研究，制定滨海地区合理的地下水开发利用与管理方案，防止和减轻海水入侵的危害，具有重要的理论意义和实用价值。

我国海水入侵研究始于 20 世纪 80 年代，研究程度最高的地区是莱州湾，且研究成果大部分是针对莱州湾地区的海水入侵，其他海水入侵地区的研究成果相对要少得多。

秦皇岛市是我国重要的旅游城市，秦皇岛洋戴河平原就担负着北戴河海滨区的供水任务。秦皇岛独特的地貌特点，也决定了其海水入侵类型和特点有别于其他沿海地区，因此，系统开展秦皇岛市海水入侵研究，对丰富海水入侵理论、实现当地经济和环境的协调可持续发展具有重要价值。

### 1.1.1 海水入侵研究的现实意义

海水入侵在全球范围内的普遍性，引发相关国家积极开展研究与治理。最早提出滨海地区咸淡水界面理论的是荷兰人 Ghyben 和德国人 Herzberg，他们分别于 1889 年和 1901 年独立提出了著名的计算地下淡水-海水交界面的 Ghyben-Herzberg 公式。

至今海水入侵研究已有百年历史，经历了静力学、渗流动力学和渗流-弥散动力学等研究阶段，从原来单纯地对咸淡水界面模型的模拟，发展到包括海水入侵的基本理论、数值模型、水文地球化学和环境同位素研究和调查方法、防治和减缓对策、生态影响等多个方面。

在近 20 年的时间里，我国在海水入侵研究各个方面均取得了重大进展，已经从单一问题的研究趋向于综合性研究，从简单的定性调查走向定量化和模型化。但在几个方面的研究仍有待加强：

（1）海水入侵过渡带模型多数是剖面二维模型，三维模型较少；三维模型中垂向上分层较少；模型中对参数、尤其是弥散度的选取缺乏讨论；咸淡水界面虽考虑了过渡带，但综合考虑密度、水头、浓度相互作用下的三维模型较少。

（2）在滨海地区，由于地下水位的潮汐波动，传统的抽水试验求参效果不好，因此如何更加合理地直接利用水位潮汐动态求参是值得研究的方向。

（3）海水入侵过程中伴随着一系列的物理、化学过程，对这一过程的物质循环还需加强研究。

（4）海水入侵研究多是在发生严重海水入侵危害的地区开展，应加强对海水入侵的超前研究和预报工作，分析在不同的人为活动条件下，咸淡水界面的变化和运移规律，以达到防止和减轻海水入侵的目的。

在秦皇岛洋戴河平原，水文地质勘查工作程度相对较高，水文孔和地质孔资料丰富，对较真实地恢复研究区三维地层结构、尝试建立三维数值模型非常有帮助。用三维数值模型，可以对本地区海水入侵进行模拟预测。

秦皇岛地区地形地貌类型较多，查清秦皇岛地区海水入侵的类型，分析不同地貌单元海水入侵的作用方式、通道、成因，可与环渤海其他地区海水入侵问题进行对比。

利用洋戴河平原区水文观测井较多的优势，可用示踪剂完成弥散度尺度效应实验，正确分析海水入侵过程中的弥散作用。

对照莱州湾海水入侵过程中水-岩作用过程，本书采用多指标综合评判法判断海水入侵的程度，系统开展了本地区的海水入侵调查与研究，在海水研究方法、数值模拟方面，取得了一些成果。

秦皇岛市是我国重要的旅游城市，拥有丰富的旅游资源，其中秦皇岛市洋戴河平原就有北戴河、南戴河、黄金海岸等多处旅游景点。洋戴河平原自20世纪60年代就担负着北戴河疗养院的供水任务。20世纪80年代以来，秦皇岛沿海经济高速发展、人口急剧增加，地下水的开采量逐年增大，地下水降落漏斗中心水位不断下降，漏斗面积不断扩大，区内原有的咸淡水平衡被彻底打破，致使咸淡水界面持续地向内陆方向纵深发展。随着海水入侵的发生发展，秦皇岛洋戴河平原区的水质开始恶化，土壤盐碱化，大量的抽水井报废，取水成本逐年上升。海水入侵引发的环境地质问题给工业、农业、建筑业、交通业及水利等相关产业和部门都造成了一定的经济损失。尤其是水资源前景问题，关系着整个洋戴河平原的发展。因此，查清本地区海水入侵的发展过程和演变趋势，分析其运移机理和规律，科学合理地提出海水入侵的防治方案，已经成为滨海地区经济良性发展的迫切要求。

### 1.1.2 秦皇岛海水入侵问题研究基础

秦皇岛市洋戴河平原属于山前冲洪积平和滨海平原，在天然状态下，海水与地下淡水之间有较宽的过渡带，地下水与海水之间的咸淡水界面处于动态平衡。到20世纪70年代后期，滨海地区地下水开采量不断加大，加之连续干旱气候，形成了多处低于平均海平面的地下水位负值区，在反向水力坡度作用下，海水侵入到地下水原来占有的空间，形成矿化度高的咸水，使滨海地下水资源、生态环境遭受严重破坏，给社会经济带来很大损失。

据洋戴河平原区水化学监测资料，20世纪70年代初，个别水井开始微咸化，显现出海水入侵迹象，80年代初期以来，海水入侵活动迅速发展。洋戴河平原的枣园水源地供水井中氯离子含量从1963年的90mg/L、1975年的218 mg/L、1986年的456.3mg/L、1995年的459.5mg/L、2000年的928.3mg/L到2002年的1367mg/L，水化学类型为Cl-Na型。90年代以来，由于各部门对海水入侵问题的重视，对不合理的开采进行了限制，海水入侵速率有所减缓，处于波动中略有发展的状态。

由资源利用而引起的地质环境恶化，成为影响社会经济可持续发展的重要因素，海水入侵为主的环境地质问题，引起了相关部门的高度重视。为查清秦皇岛市海水入侵现状及入侵规律，河北省地勘局秦皇岛矿产水文工程地质大队于2002年1月至2004年12月完成了"秦皇岛市海水入侵调查评价"专项勘查项目，通过环境水文地质调查、物探勘查、水文地质钻探、野外水文地质试验、海水入侵动态监测等方法，对秦皇岛海水入侵首次开展了系统调查与研究，建立了多个物探和水质监测剖面，对洋戴河平原区的水位水质动态、水资源开发利用情况进行了整理分析，对秦皇岛海水入侵灾害特征、形成条件、主要影响因子、成因、发展规律进行了综合分析研究，对该区海水入侵有了比较完整的认识，也为本书提供了翔实的资料。

除海水入侵专项调查外，洋戴河平原区以往水工环地质工作研究程度也较高，相继开展了不同目的的地质、水文地质、工程地质、环境地质及地质环境监测工作，积累了丰富的地质资料，为海水入侵专项研究工作提供了地质基础资料。在水文地质方面，1985 年河北水文队完成了《冀东平原农田供水水文地质勘察报告》，基本上查明了区域水文地质条件，应用钻探手段基本查明冀东地区第四系地层厚度、岩性组成及地层沉积规律、含水层结构、岩性。1989 年，秦皇岛矿产水文工程地质大队相继完成的《滦河冲洪积扇东部供水水文地质详查报告》、《滦河冲洪积扇东部区域水文物探报告》，对该地区地质构造、地层划分、包气带岩性、地下水富水性、地热、咸水分布等地质问题进行了综合分析研究。

洋戴河平原区相关环境地质工作始于 20 世纪 80 年代中期，"十五"期间，由秦皇岛地质大队、水文四队、地矿部水文所、物化探所、天津地质所、西安地院、北京大学等单位联合完成部级重点科技攻关项目，提交了《秦皇岛市环境地质质量综合评价报告》，对秦皇岛市水文地质、工程地质、环境地质、区域稳定性、地热进行了全面论述。1993～1995 年间，秦皇岛地质大队提交了《秦皇岛海岸变迁及防护对策研究》；秦皇岛地质队、地矿部水文所等单位完成国家重点科技攻关项目，编写了《秦皇岛海岸带变迁及防护对策的研究》，论述了秦皇岛现代海平面变化规律，分析了变化原因，预测了未来变化趋势和不同岸段海岸变化的影响。以上述研究为基础，系统整理水文、气象、潮汐、地层、水位水质动态、物探等海水入侵的相关资料，作者于 2006 年 6 月完成了"秦皇岛洋戴河平原海水入侵调查与研究"的博士论文，完成了"秦皇岛砂质海岸区海（咸）水入侵现状及入侵规律研究"的河北省科技支撑计划项目，取得了系列研究成果，为秦皇岛洋戴河平原的海水入侵的预测与防治提供了扎实的依据。

## 1.2　海水入侵问题的研究现状

国外最早提出滨海地区咸淡水界面理论的是荷兰人 Badon-Ghyben 和德国人 Herzberg，他们分别于 1889 年和 1901 年独立地提出了著名的计算咸淡水界面的 Ghyben-Herzherg 公式，给出了咸淡水界面上任一点在海平面下深度的表达式（见式（1-1））：

$$z = \frac{\rho_f}{\rho_s - \rho_f} h_f \tag{1-1}$$

式中　$\rho_s$——海水密度；

　　　$\rho_f$——淡水密度；

$h_f$——淡水水头；

$z$——海水入侵后的咸淡水分界在海平面以下深度。

式（1-1）为不考虑海水回流和淡水入海水流的最简单的海水入侵水静力学模型。

20 世纪 60 年代，西班牙、澳大利亚、日本等国家发现海水入侵现象，并先后开展了海水入侵的监测和研究。

Bear（1972，1979）对海水入侵进行了较系统的阐述。Bear 在他的《多孔介质流体动力学》和《地下水水力学》中比较详细地论述了稳定界面与移动界面的近似解，以及井在界面上部抽水所引起的升锥问题。

1985 年，在第 18 届国际水文地质学家协会（IAH）上，Custodio 比较全面地介绍了国外海水入侵的研究现状、基本原理、地质条件、地下水开采影响、计算方法、监测技术及滨海地区淡水资源管理等问题。1987 年，在联合国教科文组织的推动下，出版了西班牙著名学者 Custodio（1987）等所著的《滨海地区地下水问题》一书。1977 年由美国环境保护局编著了《美国咸水入侵调查》，1986年由美国俄克拉荷马大学编著了《美国咸水入侵现状与潜在问题》，这两本专著总结了美国自 20 世纪 50 年代以来海水入侵方面的研究成就。

咸淡水界面的形状、运移机理和规律是海水入侵研究的核心问题。海水和淡水是可混溶的，所以实际的咸淡水界面是一个过渡带。过渡带的厚度和形状取决于岩性、构造、水动力特征、弥散和扩散、含水层补给等。经过近百年的发展，海水入侵研究经历了从理想假定到合理概化、室内实验模型、理想模型到数值模型这一发展过程。数值方法已经成为模拟和求解海水入侵问题的最有力工具。

概括起来，研究海水入侵的模型按研究手段不同可分为实验室模型与理论模型，理论模型又分为解析模型与数值模型；按研究对象又可分为突变界面模型与基于海水-淡水以弥散带接触的过渡带模型。

解析模型如 Moor 等（1992）利用突变界面模型研究了美国 Yucatan Peninsula 东北岸地下水流动系统中的咸淡水关系，实际的淡水透镜体的厚度比 Ghyben-Herzberg 公式所计算的少 40%，并指出由淡水向海的快速流动及对流中海水的上升是主要原因。Das Guta 等（1982）研究了泰国曼谷附近海水入侵的弥散带模型。

概括起来，研究海水入侵的模型按研究对象可分为突变界面模型与基于海水-淡水以弥散带接触的过渡带模型。海水入侵的过渡带模型成为主要的研究方向。

（1）突变界面模型。突变界面模型假设淡水和海水是互不混溶流体，两者之间存在一个突变界面，流体动力弥散作用忽略不计。突变界面模型适用于过渡带很窄的情况下，也可用于大范围内的滨海地带海水入侵研究。

（2）过渡带模型。由于海（咸）水之间一般存有较宽的过渡带，因此就产生了第二类海水入侵问题的数值模型——溶质对流弥散模型。该模型认为海水和淡水是互溶的，由于水动力的弥散作用，二者之间存在一个较宽的浓度由淡水变化到海水的过渡带。自20世纪60年代起，学界开始转入对溶质对流-弥散模型的研究。首先是均质流体过渡带模型的提出。该模型将咸淡水看做是均质流体，从而忽略了流体浓度变化对水流速度的影响。Henry（1964）以承压、稳定流、均质、简化边界条件为基础，首次求得一个与海岸线正交的垂向剖面上盐分浓度的解析解，Henry模型也因此成为过渡带模型数值实验的一个基准。Pinder（1977）将Henry模型转化为非稳定流问题。Segol（1975）建立了以流体压力、速度分量和浓度为自变量的剖面二维有限元模型，计算了非稳定流条件下佛罗里达南部的一个海岸垂直剖面上的海水入侵。Huyakorn和Taylor（1976）以参考水头和浓度为自变量，证明水头和浓度公式可推广于三维情况。Gupta和Yapa（1982）运用对流-弥散模型研究泰国曼谷附近的海水入侵。另外是变密度过渡带模型。该模型考虑密度对水头、流速和浓度的影响。Voss（1984）建立了饱和-非饱和变密度地下水流有限元模型和具咸淡水界面的含水层有限元模型AQUIFEM-SALT，而后开发了SUTRA二维有限元软件，综合考虑了密度、水头、浓度相互作用的饱和-非饱和带中地下水流动与溶液运移或热量运移，常用于模拟海岛剖面二维海水入侵问题。Huyakorn等（1987）提出了与密度相依赖的地下水流方程和运移方程，建立了以参考水头、密度和浓度相互作用下的滨海多层含水层中海水入侵过渡带的三维有限元模型。同时对弱透水层中水流和运移的解析法和数值法处理进行了详尽的说明。Diersch（1988）对由于密度差引起的海水回流问题进行了有限元计算，Galeati和Gambolati（1992）建立了考虑变密度的无压含水层咸淡水过渡带模型，采用具隐式欧拉-拉格朗日方法求解咸淡水耦合模型，运用预处理共轭梯度法（PCG）求解方程组。Aliewi、Sherif和Hamza（2001）等数值模拟了抽水情况下海水运移问题。近期在多孔介质中可变密度水流和溶质运移耦合的理论和应用方面，Simmons、Bear（1999）、Diersch和Kolditz（2002）给出了很好的综述和评论。

在国内，首先于1964年在大连市发现海水入侵；70年代后期，在莱州湾发现海水入侵。中国科学院地质所、南京大学地球科学系、山东省水利科学研究所和中国地质大学水文地质工程系等单位先后对莱州湾海水入侵进行了研究。进入80年代，又发现多处海水入侵现象，入侵范围逐渐扩大、入侵速度逐年加快、危害越来越严重。至今，沿海岸从北向南，发现海水入侵的地区有葫芦岛市、大连市、秦皇岛市、天津市、山东半岛、苏北平原、上海市、宁波市、北海市等，其中以山东半岛的莱州湾地区海水入侵最为严重。我国对海水入侵的研究始于1975年，研究程度最高的地区是莱州湾，其他海水入侵地区的研究成果相对要少得多。在近20年的时间里，我国在海水入侵现状调查、基本理论探索、模型的建立、预测预报和防治措施等方面，均取得了重大进展，已经从单一问题的研究趋向于综合性研究，从简单的定性调查走向定量化和模型化。

韩再生（1988）对秦皇岛市北戴河地区海水入侵及其防治方案进行了数值模拟。范家爵（1988）忽略密度对水位的影响，建立了二维平面有限差分模型，对大连市大魏家一水源地海水入侵问题进行了数值模拟。薛禹群（1992，1996，1997）建立了考虑密度变化的三维特征有限元模型，研究了山东莱州地区龙口-滨海含水层中的海水入侵，是国内第一个研究海水入侵咸淡水界面运移规律的三维数值模型。尹泽生等（1991）对莱州市滨海区域海水入侵的综合防治开展了研究，创造性地提出了海水入侵通道类型的划分原则。艾洪康（1993）采用上游加权有限元法建立了考虑密度、水头、浓度相互作用的剖面二维海水入侵模型，研究了广西漫尾岛咸淡水过渡带。李国敏（1994，1996）利用人工弥散加权方法建立三维有限元模型，研究了广西北海涠洲岛的海水入侵。我国青岛海洋大学的学者姜效典、王硕儒（1995）提出了用 B 样条函数方法求解咸-淡水分界面的原理、方法，将此方法应用于莱州市滨海地区。中国科学院地质所蔡祖煌、马凤山等学者指出海水入侵理论经历了 4 个阶段，即静力学阶段、渗流阶段、渗流与弥散联立阶段、渗流与弥散耦合阶段。认为过渡带运移的动力有两个：一个是海水与淡水的压强差，其中压强差是由海水和淡水的密度和水位不同引起的，正是压强差造成海水和淡水之间的渗流；另一个是海水和淡水中溶质的浓度差，浓度差引起海水和淡水之间的扩散和力学弥散，正是扩散和力学弥散造成海水与淡水之间的过渡带和海水向大海的回流。认为海水入侵从开始到终止，经历初始、加剧和减缓 3 个阶段。吴吉春（1994）首次建立了反映含水层中水-岩阳离子交换作用的海水入侵数学模型，模拟研究了山东省龙口市黄河营海水入侵过程中交换 $Na^+$、$Ca^{2+}$ 的运移行为，取得较好的结果。周训等（1997）对广西北海市海水入侵的分布地点、出现时间、变化范围和主要监测井的氯离子含量进行了分析，提出了防治的对策。庄振业等（1999）针对山东莱州湾沿岸海水入侵灾害的发展进程展开了研究，首次给出了海水入侵灾害的发展模式，并根据灾害发展的不同阶段提出了相应的防、减灾措施。陈鸿汉（2002）等通过模拟实验，证实含水介质表面吸附（解吸）动力对盐分运移的影响是不可忽略的，推导了水动力化学动力耦合的盐分运移对流弥散方程。成建梅等（2001）建立了一个考虑变密度的海水入侵数学模型，得出了山东省烟台市夹河中、下游地区咸淡水界面的运移规律。袁益让等（2001）提出了一种迎风分数步差分格式，并在防治海水入侵工程效果预测与调控模式的数值模拟中加以应用。刘艾礼等（2002）给出了秦皇岛市沿海地区海水入侵灾害的最新监测结果，并提出了该地区海水入侵进一步研究的思路。左文喆等（2006，2009）通过物探及水化学监测等方法，对秦皇岛洋戴河平原海水入侵开展了深入调查，对比分析了洋戴河平原海水入侵特点及发展规律，根据该地区海水入侵成因提出了相应的防治措施。

综上所述，我国海水入侵研究程度最高的地区是莱州湾，研究成果大部分是针对莱州湾地区的海水入侵，其他地区海水入侵的研究成果相对要少得多。但海水入侵地域特点显著，不同地区海水入侵特点不尽相同。本书以长观测资料及专项调查资料为基础，主要采用水位、水质、盐渍土、物探电阻率监测等野外调查方法，确定海水入侵范围、通道、类型，综合分析洋戴河平原地区海水入侵的规律，判定海水入侵的原因；研究过程中，采用 $Cl^-$、TDS、SAR、$r(Na^+)$/$r(Cl^-)$、$r(Ca^{2+})/r(Cl^-)$ 等多指标综合判断海水入侵的程度，建立了洋戴河平原各项指标的分级界值；根据研究区不同含水介质和不同开采历史，将洋戴河平原划分为东西两种类型的海水入侵区，提出海水入侵区整体西移的观点（左文喆 2006，2009）；同时根据调查的基础资料，建立了一个考虑过渡带的海水入侵数值模型。由于海水和淡水是可混溶的，所以，实际的咸淡水界面是一个过渡带，本次模拟考虑密度和流速对水头的影响，建立一个变密度的对流-弥散海水入侵三维数值模型，以不同开采量、不同开采方式，预测一定时期内海水入侵可能发生的范围和程度，模拟不同防治方案阻止海水入侵的效果，并在此基础上，提出洋戴河平原区海水入侵的防治方案。

## 1.3 主要监测指标及基本理论

### 1.3.1 主要监测指标

海水入侵动态监测中采用的指标对科学合理地确定海水入侵区有直接影响。海水入侵过程是水-土-岩相互作用的复杂过程，水、土中的化学组分均发生了变化，同时，滨海地带地下水易受人为污染，因此，海水入侵指标应包括地下水和土壤两类，每一类指标应采用多指标综合判断。

#### 1.3.1.1 水化学环境指标

根据已有研究成果，结合洋戴河平原区海水入侵特征，确定总溶解固体（TDS）、$Cl^-$浓度、$Br^-$浓度、咸化系数（$A$）和钠吸附比（SAR）为海水入侵区水化学环境指标，根据这些指标综合确定海水入侵的范围和程度。海水入侵指标等级划分见表1-1，不同入侵区 $\rho_s$ 值变化范围见表1-2，世界部分沿海国家海水入侵判别标准见表1-3。

**表 1-1　海水入侵指标等级划分**

| 等　级 | I | II | III | IV |
|---|---|---|---|---|
| 入侵程度 | 无或轻微影响 | 轻度污染 | 较严重污染 | 严重污染 |
| 水质范围 | 淡水 | 微咸水 | 微咸水 | 咸水 |

| 等 级 | I | II | III | IV |
|---|---|---|---|---|
| $Cl^-$浓度/mg·$L^{-1}$ | <250 | 250~600 | 600~1500 | >1500 |
| TDS/mg·$L^{-1}$ | <1000 | 1000~2000 | 2000~3000 | >3000 |
| $Br^-$浓度/mg·$L^{-1}$ | <0.75 | 0.75~1.875 | 1.875~5.75 | >5.75 |
| SAR | <2.0 | 2.0~3.55 | 3.55~10.0 | >10.0 |

表1-2 不同入侵区$\rho_s$值变化范围

| 项 目 | 严重入侵区 | 轻度入侵区 | 淡水区 |
|---|---|---|---|
| $Cl^-$浓度/mg·$L^{-1}$ | >1000 | 250~1000 | <250 |
| $\rho_s$/$\Omega$·m | 3~15 | 15~27 | 27~50 |

表1-3 世界部分沿海国家海水入侵判别标准

| 国家（地区） | $Cl^-$浓度/mg·$L^{-1}$ | 国家（地区） | $Cl^-$浓度/mg·$L^{-1}$ |
|---|---|---|---|
| 日本 | 200 | 南斯拉夫 | 250 |
| 美国 | 250 | 瑞典 | 300 |
| 欧洲 | 350 | 墨西哥 | 250 |
| 法国 | 250 | 印度尼西亚 | 250 |
| 荷兰 | 250 | 苏联 | 350 |

*资料来源：据供水水文地质手册，1977。

A 总溶解固体

地下水总溶解固体（TDS）的大小及其动态变化，不但能反映海水入侵的程度和变化规律，而且也是评价海水入侵对农业灌溉、工业生产和生活供水影响的依据。1971年，世界卫生组织（WHO）将饮用水总溶解固体的可接受值和最大允许值分别定为0.5g/L和1.5g/L，我国生活饮用水卫生标准（GB 5749—2006）规定$M\leqslant1g/L$，我国农田灌溉水质标准（GB 5084—92）规定$M\leqslant1g/L$，非盐碱土地区和盐碱土地区$M\leqslant2g/L$。

确定洋戴河平原区内总溶解固体小于1g/L为淡水区，总溶解固体1~3g/L为海水入侵轻~中度区，总溶解固体3~10g/L为海水入侵严重地区。

B $Cl^-$浓度

海水入侵导致地下水$Cl^-$浓度显著增高，而且$Cl^-$浓度相对比较稳定。我国生活饮用水卫生标准（GB 5749—1985）和农田灌溉水质标准（GB 5084—1992）均规定$Cl^-$不大于250mg/L。因此，$Cl^-$浓度成为衡量海水入侵与否及入侵程度和评价对供水危害性的重要指标。洋戴河平原区水质调查分析表明，海水入侵严重区 Cl⁻ 浓度一般为 1000~2000mg/L，轻度区一般为 250~1000mg/L，淡水区一般为小于 250mg/L。

C Br⁻ 浓度

洋戴河平原区地下淡水 Br⁻ 浓度一般为 0.2~0.4mg/L，受海水入侵影响，地下水 Br⁻ 浓度明显升高，Br⁻ 浓度与 Cl⁻ 浓度有较强的正相关性，研究区水质分析结果显示，海水入侵轻度区 Br⁻ 浓度一般为 1~5mg/L，海水入侵严重区一般大于 5mg/L。

D 咸化系数 (A)

$r_{Cl}/(r_{HCO_3}+r_{CO_3})$ 特征离子比值称为咸化系数，用 $A$ 表示。洋戴河平原区滨海平原的咸水、海水所含的主要特征阴离子为 Cl⁻，而北部冲洪积平原区含水层岩性为砂砾石、含砾砂、中粗砂、中细砂，其地下淡水所含特征阴离子为 $HCO_3^-$ 和 $CO_3^{2-}$。海水入侵使地下水中特征阴离子发生量变，所以 $A$ 值的大小能表征海水入侵程度。根据洋戴河平原区水质分析数据，$A$ 值的地域分布有明显的规律性，淡水区 $A$ 值一般小于 1，海水入侵轻度区 $A$ 值一般为 1~4，海水入侵严重地区 $A$ 值为 4~11。

E 钠吸附比

钠吸附比 (SAR) 是美国盐渍土实验室提出的衡量钠对农业灌溉危害的一个水化学指标，其表达式为 $SAR=r_{Na}/(r_{Mg}+r_{Ca})/2$，洋戴河平原区滨海地下咸水和海水的特征阳离子是 Na⁺，北部冲洪积平原区地下淡水的特征阳离子是 $Ca^{2+}$ 和 $Mg^{2+}$。海水入侵过程除产生咸、淡水间的混染作用外，还在沉积物中产生离子交换，对海水而言不断失去 Na⁺，而获得 $Ca^{2+}$ 和 $Mg^{2+}$，对淡水而言则相反。因此，特征离子比值 SAR 能表征海水入侵程度。根据洋戴河平原区水质分析数据，发现 SAR 值的分布规律是，海水入侵严重地区地下水 SAR 值一般为 10~20，海水入侵轻度区一般为 2~10，淡水区一般小于 2。

### 1.3.1.2 物探监测指标

应用物探技术监测海、咸水入侵的方法有电阻率法、瞬变电磁法和激发极化法等，用于解释探测曲线的指标有电阻率和充电率。充电率法仅限于激发极化法，由于该法的仪器笨重，不便携带，因此很少采用。瞬变电磁法能够有效地确定不同深度的导电层，特别适于多层含水层海水入侵监测，但其曲线解译复杂，影响了实际使用。本书研究采用电阻率指标的方法为垂向电测深法。垂向电测深法是海水入侵监测中最常用的物探方法。用电阻率法测得洋戴河平原区海水入侵区的视电阻率值 $\rho_s = 30\Omega \cdot m$，该值即可作为判断咸、淡水界面的一个特征值。

### 1.3.1.3　洋戴河平原区海水入侵划分标准

海水入侵的水化学环境指标有多种，$Cl^-$ 为海水的表征性元素，$Cl^-$ 是相对最为稳定和易迁移的离子，且测定方法简单，与其他指标的相关性显著，根据其含量比值较容易计算其他主要化学元素的含量。故采用统一的 $Cl^-$ 含量标准作为海水入侵的划分依据，既方便又可信。经过对研究区地下水大量取样分析，确定了区内天然地下水中氯离子含量背景值，在抚宁县洋戴河平原为 90.24mg/L，市区为 82.10mg/L，一般来说，凡超过背景值含量就认为已有海水入侵。但是，考虑到研究区第四系古地理复杂，人口稠密，工业发达，环境污染较严重，部分地区氯离子含量已超过 250mg/L，若只将地下水中氯离子背景值作为海水入侵标志，显然是不合适的。

本次调查工作中确定的海水入侵标准值，主要是参考我国水利部海水入侵工作大纲和世界一些国家生活饮用水水质标准，根据水化学指标中氯离子含量，并参考 Na+Ca/Cl 值、地下水总溶解固体及地下水化学类型，确定其标准值为 250mg/L。

## 1.3.2　基本理论及预测

海水入侵是地下淡水与海（咸）水之间相互作用、相互制约的复杂的流体动力学过程。

在自然状态下，含水层中的咸、淡水保持着某种平衡，滨海地下含水层一般自陆地向海洋方向倾斜延伸，地下水从陆地流向海洋。

在海岸线附近无隔水体的条件下，由于海水密度 $\rho_s$ 大于淡水密度 $\rho_f$，海水入侵到淡水体以下是必然的，暂不考虑海水的回流和淡水入海流，海水入侵最简单的水静力学模型如图 1-1 所示。

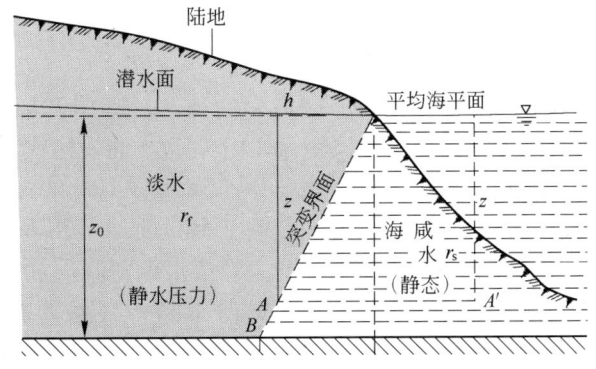

图 1-1　海水入侵静力学模型

普通海水溶质含量约为 3.5%，由式 1-1 可知，$z$ 值约为 40.8，可取 40，即咸淡水界面在海平面下的深度约为潜水面在海平面以上高度的 40 倍。由于地下水的开采，潜水位下降会导致咸淡水界面的急剧上升，即水位下降 1m 导致咸淡水界面上升 40m，从而使原来的淡水井中抽出咸水。

事实上，在咸-淡水过渡带中，存在着一定程度的混合作用，这主要是对流-弥散作用形成的。当含水层中淡水向海洋泄流时，靠近淡水的一部分海咸水被向海洋方向的淡水流所拖拉。为保持盐分平衡，在平衡条件下的滨海地下水含水层中必然存在着向陆地方向的海咸水流，从而形成一个咸-淡水之间的水动力平衡（见图 1-2）。

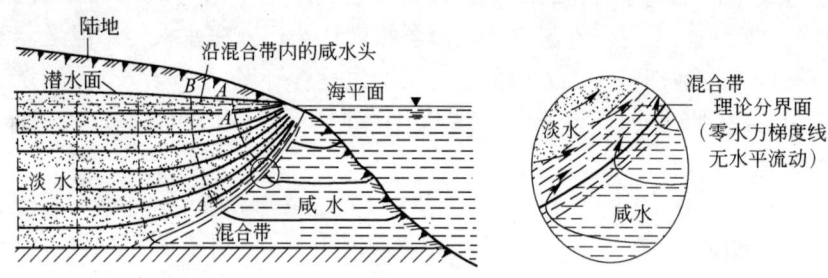

图 1-2 淡水体和海咸水体间过渡带的水流示意图
（据陈鸿汉，2002）

咸淡水过渡带中的咸水水头比淡水水头低，即咸淡水的实际界面低于 BGH 公式预测的界面。这个界面通常向内陆倾斜，并保持相对稳定，但随着海潮的涨落和海岸带地下水水位的升降，咸淡水分界面也在不断起伏。

如果在沿海地带大量开采地下水，地下淡水水头下降，引起淡水水力坡度的减小和淡水向海渗流的减弱，而咸水向陆渗流和弥散基本不变，咸淡水之间的水动力与水化学平衡被破坏，咸淡水界面开始向陆一侧移动，含水层中淡水的储存空间被海水取代，于是海水入侵现象发生。

中国科学院地质所蔡祖煌、马凤山等学者对海水入侵的基本理论进行了深入探索，经总结，即海水入侵理论划分为四个阶段：静力学阶段、渗流阶段、渗流与弥散联立阶段和渗流与弥散耦合阶段。

（1）静力学阶段。Badon-Ghyben（1889）、Herzberg（1901）两人独立给出了海水入侵时咸淡水界面上任一点在海平面以下深度 $z$ 的表达式（见式 1-1），即被称为 Gbyben-Herzberg 公式。

（2）渗流阶段。考虑到渗流作用，出现了 Huisman-Olsthoorn 公式，给出了在不同水文地质结构下，海水入侵宽度 $l$ 与入海淡水单宽流量 $q$ 之间的定量关系。

1）潜水含水层：在潜水含水层中（见图 1-3），根据达西定律 $U = KI = -K\dfrac{\mathrm{d}h}{\mathrm{d}x}$。通过剖面 $AB$ 的单宽流量由 $q$ 和 $W_x$ 两部分组成，其中 $W$ 为单位面积上

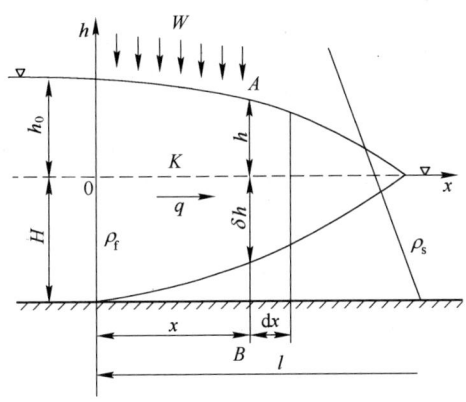

图 1-3 潜水含水层的海水入侵

的大气降水入渗量。剖面 $AB$ 的水流厚度 $m = h + \delta h = (1+\delta)h$，根据水流连续原理（见式（1-2）~式（1-5））：

$$q + W_x = -K \frac{\mathrm{d}h}{\mathrm{d}x}(1+\delta)h \tag{1-2}$$

$$\int_0^1 (q + W_x)\mathrm{d}x = -K(1+\delta)\int_{h_0}^0 h\mathrm{d}h = K(1+\delta)\int_0^{h_0} h\mathrm{d}h \tag{1-3}$$

$$\left(qx + \frac{Wx^2}{2}\right)\int_0^1 = K(1+\delta)\frac{h^2}{2}\int_0^{h_0} \tag{1-4}$$

$$ql + \frac{Wl^2}{2} = \frac{K(1+\delta)h_0^2}{2} \tag{1-5}$$

由图 1-3 可知，

$$H = \delta h_0 , \ h_0 = H/\delta$$

代入式（1-5），得式（1-6）：

$$ql = \frac{K(1+\delta)}{2} \cdot \frac{H^2}{\delta^2} - \frac{Wl^2}{2} \tag{1-6}$$

即潜水含水层中海水入侵宽度 $l$ 与入海淡水单宽流量 $q$ 之间的定量关系（见式（1-7））：

$$q = \frac{KH^2}{2l} \cdot \frac{1+\delta}{\delta^2} - \frac{Wl}{2} \tag{1-7}$$

在近于平衡的条件下，潜水含水层公式的简化形式（见式（1-8））：

$$l = \frac{1}{2\delta} \frac{kH^2}{q} \tag{1-8}$$

2）承压含水层：在承压含水层中（见图 1-4），对剖面 $AB$，得式（1-9）：

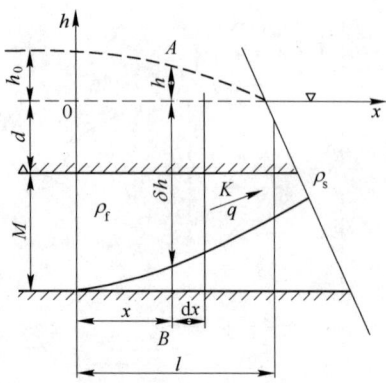

图 1-4 承压含水层的海水入侵

$$U = KI = -K\frac{\mathrm{d}h}{\mathrm{d}x} \tag{1-9}$$

根据水流连续原理，$q = Um$，式中 $m$ 为剖面 $AB$ 处的水流厚度，将 $m = \delta h - d$ 代入得式（1-10）~式（1-12）：

$$q = -K(\delta h - d)\frac{\mathrm{d}h}{\mathrm{d}x} \tag{1-10}$$

$$q\int_0^1 \mathrm{d}x = -K\int_{h_0}^0 (\delta h - d)\,\mathrm{d}h = k\int_0^{h_0}(\delta h - d)\,\mathrm{d}h \tag{1-11}$$

$$q\int_0^1 \mathrm{d}x = K(\frac{\delta h^2}{2} - \mathrm{d}h)\Big|_0^{h_0} = \frac{Kh_0}{2}(\delta h_0 - 2l) \tag{1-12}$$

由图 1-4 可见，$d + M = \delta h_0$，$h_0 = \dfrac{M + d}{\delta}$，代入式（1-12），得式（1-13）：

$$ql = \frac{K}{2}\cdot\frac{M+d}{\delta}(M + d - 2d) = \frac{K(M+d)}{2\delta}(M - d) = \frac{K}{2\delta}(M^2 - d^2) \tag{1-13}$$

即承压含水层中海水入侵宽度 $l$ 与入海淡水单宽流量 $q$ 之间的定量关系（见式（1-14））：

$$q = \frac{K}{2\delta l}(M^2 - d^2) \tag{1-14}$$

由式 1-8 和式 1-14 可近似地测量海咸水楔形体的渗透长度。海水入侵宽度 $l$ 和 $q$ 成反比，与渗透系数成正比。由于地下水的开采、干旱、上游蓄水等因素导致渗流入海淡水水量 $q$ 减少时，海水入侵距离 $l$ 增大，海水向内陆地区入侵。受含水层的渗透性控制，在古河道等含水层的渗透性强的地段，海咸水入侵越严重（见图 1-5）。

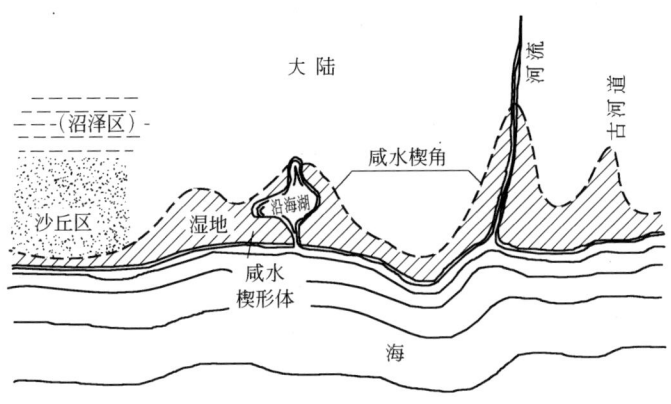

图 1-5　沿海岸海咸水楔形体渗透变化示意图

(据 Barcelona)

（3）渗流与弥散联立阶段。Glover（1959）、Copper（1959）、Henry（1962）等研究了荷兰、以色列、美国等地的咸水过渡带和交错界面、咸水回流和潮汐影响，重点研究了机械弥散、分子扩散和密度相关流，用可混溶流体的对流弥散方程代替了不可混溶流体的锋面表达式，由 Copper（1964）加以总结。以三维非稳定密度流为例，列出了渗流微分方程和对流弥散微分方程（见式（1-15）～式（1-19））：

$$\frac{\partial}{\partial x_i}\left[K_{ij}\left(\frac{\partial H}{\partial x_j}+\eta Ce_j\right)\right]=S_s\frac{\partial H}{\partial t}+\varphi\eta\frac{\partial C}{\partial t}-\frac{\rho}{\rho_f}q \tag{1-15}$$

$$\frac{\partial}{\partial x_i}\left(D_{ij}\frac{\partial C}{\partial x_j}\right)-\frac{\partial}{\partial x_i}(u_iC)=\frac{\partial C}{\partial t}+\frac{q}{\varphi}(C-C^*) \tag{1-16}$$

$$u_i=\frac{v_i}{\varphi}=-\frac{K_{ij}^0}{\varphi}\left(\frac{\partial H}{\partial x_j}+\eta Ce_j\right) \tag{1-17}$$

$$\eta=\frac{\varepsilon}{C_s}=\frac{\rho_s-\rho_0}{\rho_0}\cdot\frac{1}{C_s} \tag{1-18}$$

式中　$K_{ij}$——渗透系数张量（$i$、$j$=1，2，3…）；

　　$x_i$，$x_j$——笛卡儿坐标系（$i$、$j$=1，2，3…）；

　　$\eta$——密度耦合系数；

　　$\varepsilon$——密度差率；

　　$\varphi$——孔隙度；

　　$e_j$——重力方向单位矢量第 $j$ 个分量；

　　$S_s$——储水率；

　　$t$——时间；

$q$——从单位体积多孔介质中抽取（正）或注入（负）的流量；

$C$——溶液浓度；

$C^*$——源汇浓度；

$u_i$——孔隙平均流速。

$$K_{ij}^0 = \frac{\rho_0}{\rho} K_{ij} \tag{1-19}$$

式中 $K_{ij}^0$——参考渗透系数；

$K_{ij}$——实际渗透系数张量；

$v_i$——实际渗流速度。

微分方程为非均质流体变密度的水流和溶质运移方程，方程考虑了非均质流体流动受到溶液浓度变化的影响，进而影响水头与流速的变化，因而两个方程适用于所有地区，其在海水入侵地区的边界条件和初始条件下的解可间接展示海水入侵的过程，为此需要对具体研究区不同时刻的求解结果进行追踪对比。这样，海水入侵的特殊规律隐藏在这组微分方程的解之中，普遍适用的方法反而掩盖了特殊规律。

（4）渗流与弥散耦合阶段。这一阶段的研究把弥散视为与渗流对立的因素，两者间平衡的破坏和重建构成海水入侵全过程的本质，直接讨论咸淡水过渡带运动的动力和过程，具有直观的性质，故称之为海水入侵的动力学理论（Bear，1979）。其动力过程分析如下：

在天然状态下，当把过渡带视为咸淡水之间的突变面时，其倾角 $\alpha$ 可由图1-6求得，据根式1-1，推出式（1-20）

$$\tan\alpha = \frac{z}{x} = \frac{\rho_f I}{\rho_s - \rho_f} = \delta I \tag{1-20}$$

式（1-20）为咸水入侵的第一基本方程，描述地下水超采引起 $I$ 减小时，因过渡带的变缓而向陆延伸。

咸淡水过渡带形成以后，其所以能取得相对稳定的位置，主要是流入海洋的地下水流与向陆盐分弥散间的平衡。地下水流使过渡带向海移动的虚拟速度 $v = KI$，盐分弥散使过渡带向陆移动的虚拟速度为 $u$（见图1-7），真实弥散速度 $u_t$ 沿 $y$ 轴方向，其水平分量 $u$ 沿 $x$ 轴方向，则见式（1-21）～式（1-23）：

$$\sin\alpha = \frac{u}{u_t} = \frac{dy}{dx} \tag{1-21}$$

$$u_t = \frac{u}{\sin\alpha} \tag{1-22}$$

$$dy = dx\sin\alpha \tag{1-23}$$

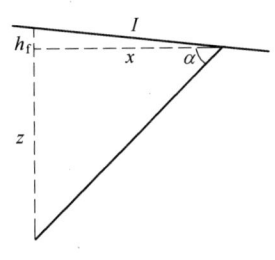

图 1-6 过渡带的倾角

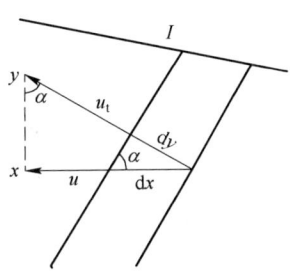

图 1-7 真实弥散与水平弥散

根据弥散定律，有式（1-24）：

$$u_t C = - D \frac{\mathrm{d}C}{\mathrm{d}y} \tag{1-24}$$

式中　$C$——盐分浓度；

　　　$D$——弥散系数。

将式（1-23）代入式（1-24），得式（1-25）：

$$\frac{uC}{\sin\alpha} = - D \frac{\mathrm{d}C}{\mathrm{d}x\sin\alpha} \qquad uC = - D \frac{\mathrm{d}C}{\mathrm{d}x}$$

$$\int_{C_s}^{C_f} \frac{\mathrm{d}C}{C} = - \frac{u}{D} \int_0^b \mathrm{d}x \qquad \ln \frac{C_f}{C_s} = - \frac{ub}{D} \tag{1-25}$$

可得式（1-26）：

$$u = \frac{D}{b} \ln \frac{C_s}{C_f} \tag{1-26}$$

式中　$C_s$，$C_f$——盐分分别在咸水和淡水中的浓度；

　　　$b$——过渡带水平宽度。

当上述两个虚拟速度 $v$ 和 $u$ 的值相等时，过渡带稳定不移动，即（见式（1-27））：

$$KI = \frac{D}{b} \ln \frac{C_s}{C_f} \qquad b = \frac{D}{KI} \ln \frac{C_s}{C_f} \tag{1-27}$$

式（1-27）为咸水入侵第二基本方程，可据以描述 $I$ 减小时过渡带的移动和变厚。

过渡带稳定不移动的条件，是上述两个虚拟速度数值相等、方向相反。渗流速度 $v$ 恒与地下水等水位线垂直，$u$ 恒与过渡带垂直，$v$ 与 $u$ 即在同一条方向线上，故过渡带必与地下水等水位线一致。咸水入侵时，同为地下水等水位线的海岸线即过渡带的走向。

图 1-8 所示反映了由于水位下降引起的海水入侵过程和极限位置。

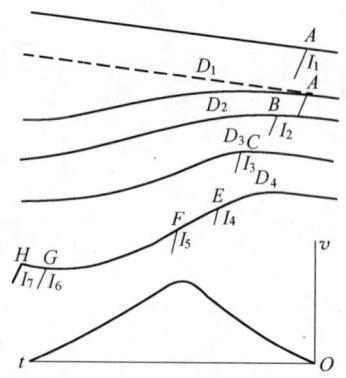

图 1-8 由水位下降漏斗引起的海水入侵过程和极限位置

咸淡水过渡带中间面顶端在 $A$ 点处，由于向海渗流速度 $v_1 = KI_1$ 等于向陆弥散速度 $u_1$，过渡带稳定不移动。当超采淡水形成的漏斗边缘扩展到 $A$ 点时，$I_1$ 值开始减小，假如 $b_1$ 增大速度与 $I_1$ 减小相等，过渡带不会移动。如 $B$ 点，过渡带不会移动。见式（1-28）。

$$u = \frac{D}{b_2} \ln \frac{C_s}{C_f} = KI_2 = v_2 \qquad (1\text{-}28)$$

然而，事实和理论均表明，盐离子运移速度比水压变化传递速度小 2~3 个数量级，$b_1$ 的增大比 $I_1$ 减小慢得多，从而使过渡带向陆移动的虚拟速度几乎不变，这就使过渡带向陆移动，即咸水入侵，速度见式（1-29）：

$$v_B = u - v_2 = K(I_1 - I_2) \qquad (1\text{-}29)$$

弥散减弱滞后于渗流减弱，这是咸水入侵在初始阶段的动力。

当过渡带中线顶端由 $A$ 点向陆移动至 $B$ 点时，漏斗靠海一侧的分水点也由 $D_1$ 点向海移动至 $D_2$ 点。当过渡带与分水点相遇 $C$（或 $D_3$）点时，$I_3 = 0$，则有式（1-30）：

$$v_3 = KI_3 = 0 \qquad (1\text{-}30)$$

而使其向陆移动的虚拟速度仍为 $u = KI_1$，于是过渡带继续向陆地移动，速度见式（1-31）：

$$v_C = u - v_3 = KI_1 \qquad (1\text{-}31)$$

分水点也继续向海移动。从此时开始，过渡带所在部位的渗流局部反向，即流向漏斗中心，与弥散同向。二者均使过渡带向陆移动，速度见式（1-32）

$$v_E = u + v_4 = K(I_1 + I_4) \qquad (1\text{-}32)$$

咸水入侵加剧。渗流局部反向，是海水入侵在加剧阶段的主要动力。

当过渡带中线顶端移至反向水力坡度 $I_5$ 最大的 $F$ 点时，咸水入侵具有最大速度（见式（1-33））：

$$v_F = u + v_5 = K(I_1 + I_5) \tag{1-33}$$

从此时开始，随着过渡带向漏斗中心移动，反向水力坡度逐渐减小，咸水入侵进入减缓阶段。当过渡带中线顶端移至漏斗中心 $G$ 点时，$I_6 = 0$，情况与 $C$ 点相似，入侵速度见式（1-34）：

$$v_G = u + v_6 = KI_1 \tag{1-34}$$

当过渡带中线顶端移至漏斗靠陆一侧水力坡度恰为 $I_1$ 的 $H$ 点时，$v_7 = KI_1$，$u = KI_1$，$v_H = u - v_7 = 0$，咸水入侵终止，向海渗流与向陆弥散间重建平衡。更确切地说，在上述过程中 $b$ 毕竟增大了一些。这样在 $H$ 点处（见式（1-35））。

$$u = \frac{D}{b_7}\ln\frac{C_s}{C_f} < \frac{D}{b_1}\ln\frac{C_s}{C_f} = KI_1 = v_7 \tag{1-35}$$

应该说，过渡带内线顶端将停止在 $G$、$H$ 两点之间，这就是咸水入侵的极限位置或最远边界。由于地下水天然水力坡度一般很小，$H$ 点与 $G$ 点很接近，故可以认为咸淡水过渡带中线顶端最后停止在漏斗中心 $G$ 点处。

综上所述，海水入侵从开始到终止，经历了初始、加剧、减缓三个阶段。这一全过程的实质是渗流与弥散向平衡的破坏和重建。如果把水源地向陆内迁，则上述各阶段将重新出现。

## 1.4 海水入侵数学模型

过渡带海水入侵模型中须有两个偏微分方程来描述，第一个方程用来描述密度不断改变的混合液体的流动，第二个方程用于描述混合液体的盐分的运移。

### 1.4.1 考虑密度变化的水流和溶质运移方程

在海水入侵的含水层中，海水与淡水的浓度差较大，海水与淡水之间的密度存在着明显的差异，因此，在描述溶质运移的模型中，必须考虑由于浓度差异造成的密度差对水流的影响，建立同时考虑物质弥散及流体浓度变化对水头和流速影响的非均质对流-弥散模型，正确反映海水入侵的过程。

咸淡水过渡带实际观测到的水头 $h$，为咸淡水混合具有的水头，可表示为式（1-36）：

$$h = \frac{p}{\rho g} + Z \tag{1-36}$$

式中　$p$ ——液体压强；

　　　$Z$ ——位置高程；

　　　$\rho$ ——咸淡水混合液体的密度。

取淡水密度 $\rho_0$ 为参考密度，淡水水头 $H$ 为参考水头。设咸水的最大密度为 $\rho_s$，密度差率为 $\varepsilon$，则 $\varepsilon = (\rho_s - \rho_0)/\rho_0$，

密度耦合系数见式（1-37）

$$\eta = \frac{\rho_s - \rho_0}{\rho_0} \cdot \frac{1}{C_s} \tag{1-37}$$

式中　$C_s$——与液体最大密度；

　　　$\rho_s$——对应的液体最大浓度。

采用取密度是浓度线性函数的假设，有式（1-38）：

$$\frac{\rho - \rho_0}{\rho_s - \rho_0} = \frac{C - C_0}{C_s - C_0} \tag{1-38}$$

简化整理后得式（1-39）：

$$\rho = \rho_0 \cdot \left(1 + \varepsilon \frac{C}{C_s}\right) \tag{1-39}$$

式（1-39）所示为非均质液体中浓度与密度的耦合关系，由式（1-39）及一般形式的水流方程，可推导出三维变密度水流方程（见式（1-40））：

$$\frac{\partial}{\partial x_i}\left[K_{ij}\left(\frac{\partial H}{\partial x_i} + \eta Ce_j\right)\right] = \mu_s \frac{\partial H}{\partial t} + \varphi\eta \frac{\partial C}{\partial t} - \frac{\rho}{\rho_0}q \tag{1-40}$$

式中　$K_{ij}$——渗透系数张量（$i, j = 1, 2, 3\cdots$）；

　$x_i, x_j$——笛卡儿坐标系（$i, j = 1, 2, 3\cdots$）；

　　　$\eta$——密度耦合系数；

　　　$\varphi$——孔隙度；

　　　$e_j$——重力方向单位矢量第 $j$ 个分量；

　　　$\mu_s$——储水率；

　　　$t$——时间；

　　　$q$——从单位体积多孔介质中抽取（正）或注入（负）的流量；

　　　$C$——溶液浓度。

据 Bear（1979）和 Kinzelbach（1986）的描述，海水入侵溶质运移过程的对流-弥散方程可表示为（见式（1-41））：

$$\frac{\partial}{\partial x_i}\left(D_{ij}\frac{\partial C}{\partial x_j}\right) - \frac{\partial}{\partial x_i}(u_iC) = \frac{\partial C}{\partial t} + \frac{q}{\varphi}(C - C^*) \tag{1-41}$$

式中　$D_{ij}$——弥散系数张量（$i, j = 1, 2, 3$）；

　　　$C^*$——源汇浓度；

　　　$u_i$——孔隙平均流速。

## 1.4.2　数学模型

由于浓度的变化对模型中水头、流速及密度的影响，水流模型和溶质运移模型中潜水面边界和定通量边界的数学表达式也与传统的表达式不同。

建立了水流控制方程和溶质运移方程，确定初始条件及边界条件，构成海水入侵三维水质数学模型。水流的数学模型见式（1-42）：

$$\frac{\partial}{\partial x_i}\left[K_{ij}\left(\frac{\partial H}{\partial x_j} + \eta Ce_j\right)\right] = \mu_s\frac{\partial H}{\partial t} + \varphi\eta\frac{\partial C}{\partial t} - \frac{\rho}{\rho_0}q$$

$$H(x_i, 0) = H_0(x_i)$$

$$H(x_i, t)\big|_{\Gamma_1} = H_B(x_i, t)$$

$$- v_i n_i\big|_{\Gamma_2} = 0$$

$$- v_i n_i\big|_{\Gamma_{2-2}} = \frac{\rho_{B_2}}{\rho}v_{B_2} \tag{1-42}$$

$$- v_i n_i\big|_{\Gamma_{2-1}} = \left(\frac{\rho_0}{\rho}W' - \frac{\rho^*}{\rho}\mu_d\frac{\partial H^*}{\partial t}\right)n_3$$

$$H^*(x_i, t)\big|_{\Gamma_{2-1}} = x_3$$

式中　　$H_0$——初始水头；

$H_B$——边界 $\Gamma_1$ 上给定的水头；

$v_{B_2}$——定通量边界上的单位面积上流入流出的水量；

$\rho_{B_2}$——定通量边界上流入流出水的密度；

$H^*$——潜水面上的参考水头；

$\rho^*$——潜水面变动带水的密度；

$\mu_d$——重力给水度；

$n_i$——边界 $\Gamma_2$、$\Gamma_{2-1}$、$\Gamma_{2-2}$ 上在 $x_i$ 轴方向的法向单位矢量；

$x_3$——潜水面 $\Gamma_{2-1}$ 上某点的高程；

$v_i$——地下水渗透速度在 $x_i$ 轴上的分量。

海水入侵的溶质运移模型表示为式（1-43）的形式：

$$\frac{\partial}{\partial x_i}\left(D_{ij}\frac{\partial C}{\partial x_j}\right) - \frac{\partial}{\partial x_i}(u_iC) = \frac{\partial C}{\partial t} + \frac{q}{\varphi}(C - C^*)$$

$$C(x_i, 0) = C_0(x_i, t)$$

$$C(x_i, t)\big|_{\Gamma_1} = C_B(x_i, t) \tag{1-43}$$

$$- D_{ij}\frac{\partial C}{\partial x_j}n_i\big|_{\Gamma_{2-1}} = \left(1 - \frac{\rho^*}{\rho}\right)\frac{C}{\varphi}\mu_d\frac{\partial H^*}{\partial t}n_3 + \frac{W'}{\varphi}\left(\frac{\rho_0}{\rho}C - C''\right)n_3$$

式中　　　　$C_0$——初始浓度；

$C_B$——边界 $\Gamma_1$ 上给定的浓度；

$C''$——定通量边界上流入流出水的浓度；

$\Gamma_1$，$\Gamma_2$，$\Gamma_{2-1}$，$\Gamma_{2-2}$——浓度给定边界、隔水边界、潜水边界和弥散通量边界；

$n_i$——边界外法向矢量。

## 1.5 秦皇岛地区海水入侵研究体系

### 1.5.1 研究内容

秦皇岛地区海水入侵研究体系的主要研究内容如下：

（1）通过调查化验，确定海水入侵的范围、入侵通道、入侵方式。根据洋戴河平原区主要含水层的结构、富水性、水质、水位、地下水补径排条件的调查，恢复该区地下水流场和水化学场。

（2）分析该区海水入侵的主要原因，分析主要诱发因素和其他叠加因素的作用程度，分析其成因类型。

（3）分析地下水开采与海水入侵的关系。通过对比海水入侵分布范围与地下水开采形成降水漏斗的演化过程，分析海水入侵与水位大幅度下降的强抽水中心之间的关系、海水入侵区与低于海平面的负值区在分布上的关联。

（4）综合分析该地区地下水流场和水化学条件的变化，综合判断本区海水入侵当前所处的发展阶段，今后可能的发展趋势。

（5）在充分搜集资料的基础上，建立一个海水入侵数值模型，以不同的开采量、不同保证率的降雨量，模拟预测今后不同时期海水入侵可能发生的范围和程度，模拟采取不同防治方案后海水入侵的动态变化。

### 1.5.2 研究方法

本书涉及工作可分为自然历史分析法、文献研究法、野外调查方法、野外及室内测试方法、数值模拟分析法和数学分析方法等几种研究方法。

（1）查阅分析文献和资料，了解海水入侵的相关理论和研究方法、探测技术、发展趋势及工作中应注意的关键问题。根据洋戴河平原区地质环境特点，确定判定本次海水入侵的相关指标，建立洋戴河平原海水入侵程度的各指标临界值。

（2）野外调查，主要是有水文地质调查和物探勘测。水文地质调查包括地下水动态监测、水文地质钻探、样品的采集分析等；物探勘测主要利用电测深和电测井法圈定咸水层平面和垂向分布规律，在重点区域利用电测深进行咸水界面运移规律的动态监测。

（3）野外测试以抽水实验和弥散实验为主，以确定主要水文地质参数；室内测试以洋戴河平原区内水文地质取样孔的水化学测试为主。

（4）运用水文地质学及地球物理学相关理论，确定洋戴河平原区海水入侵范围、通道、类型。通过与前期资料对比，确定海水入侵发展速率，综合分析洋戴河平原地区海水入侵的规律，分析海水入侵的原因，预测其发展趋势。

（5）根据野外调查、室内分析测试的基础资料，综合分析洋戴河平原区地下水流场和水化学场，采用数值模型技术，以不同开采量、不同开采方式，对洋戴河平原区一定时期内海水入侵可能发生的范围和程度进行模拟，对不同防治方案阻止海水入侵的效果进行模拟。以此为基础上，提出该区海水入侵的防治方案。

### 1.5.3 技术路线

本书研究采取如下研究路线：收集已有的地质和水文资料，恢复洋戴河平原区的水文地质结构，确定各含水组的水文地质参数；在已有长观井、统测井的水位和水质资料的基础上，恢复该区地下水补径排条件，恢复该区地下水流场和浓度场，判定海水入侵的范围和程度；结合沿海地貌类型，分析判断沿海平原海水入侵的入侵通道、方式；详细了解洋戴河平原区地下水开采历史和现状，开采量年度变化趋势，判定强开采中心。分析海水入侵区与低于海平面的负值区在分布上的关联，推断海水入侵的诱发因素及成因类型；综合分析该地区地下水流场和水化学条件的变化，综合判断该区海水入侵当前所处的发展阶段，今后可能的发展趋势；以海水入侵数值模拟，验证分析结果，预测海水入侵的发展趋势（见图1-9）。

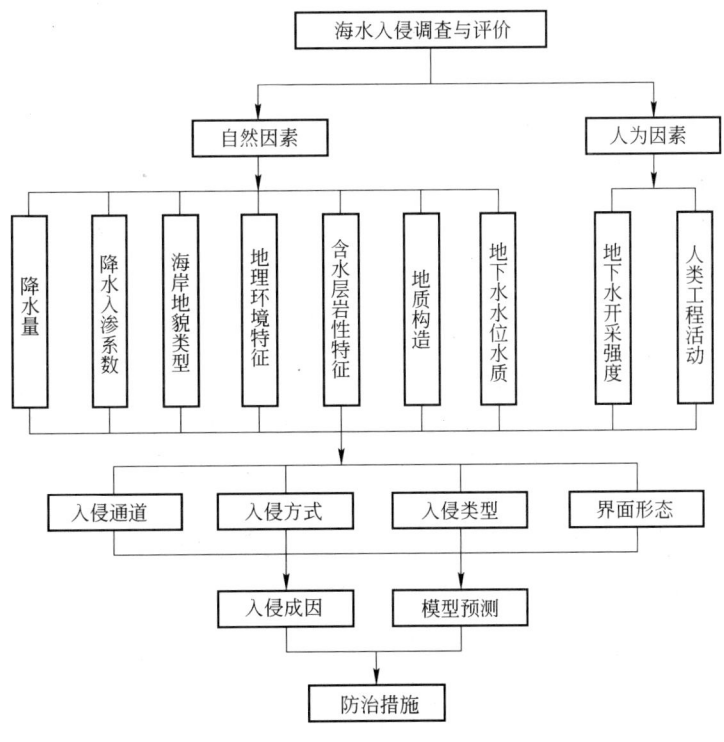

图 1-9　研究技术路线图

# 2

秦皇岛洋戴河平原概况

## 2.1 自然地理

河北省秦皇岛市地处北纬 39°22′至 40°37′、东经 118°34′至 119°51′，东与辽宁接壤、西与唐山为邻、北连承德、南临渤海，全区面积 7812km²。沿海地区位于冀东南-渤海西岸，呈东北-西南向，海岸线总长 126.4 km。秦皇岛市现辖三区四县，洋戴河平原位于秦皇岛市的抚宁县和北戴河区，面积约为 234km²，是秦皇岛市辖区内较大的第四系冲洪积平原（见图 2-1）。

图 2-1 秦皇岛洋戴河平原区交通位置示意图

秦皇岛市是连接东北与华北两大区的咽喉要道，交通十分便利，并以拥有我国北方不冻不淤的良港而著称。秦皇岛市经济发达，旅游业是本市的主要支柱产业，北戴河、南戴河和黄金海岸等著名旅游景区就位于洋戴河平原。

### 2.1.1 地形地貌

洋戴河平原区地势具有西北高东南低的特点，北部属燕山山脉东段，西部、北部和东部为剥蚀低山、残丘，西部缸山海拔127m。平原地形略向海倾斜，北部山前海拔高程为30~50m，东南部海拔高程为3~15m，地形坡度为0.9‰。洋戴河平原区近海的陆地地貌，根据其成因类型和形态类型，大致可以划分为构造剥蚀地形和堆积地形地貌区。剥蚀地貌又可划分为低山、丘陵、台地；堆积地貌可划分为洪积平原、冲洪积平原、冲积平原、冲积海积平原、海积泻湖相平原、三角洲平原、风成沙地二级地貌区（见图2-2）。

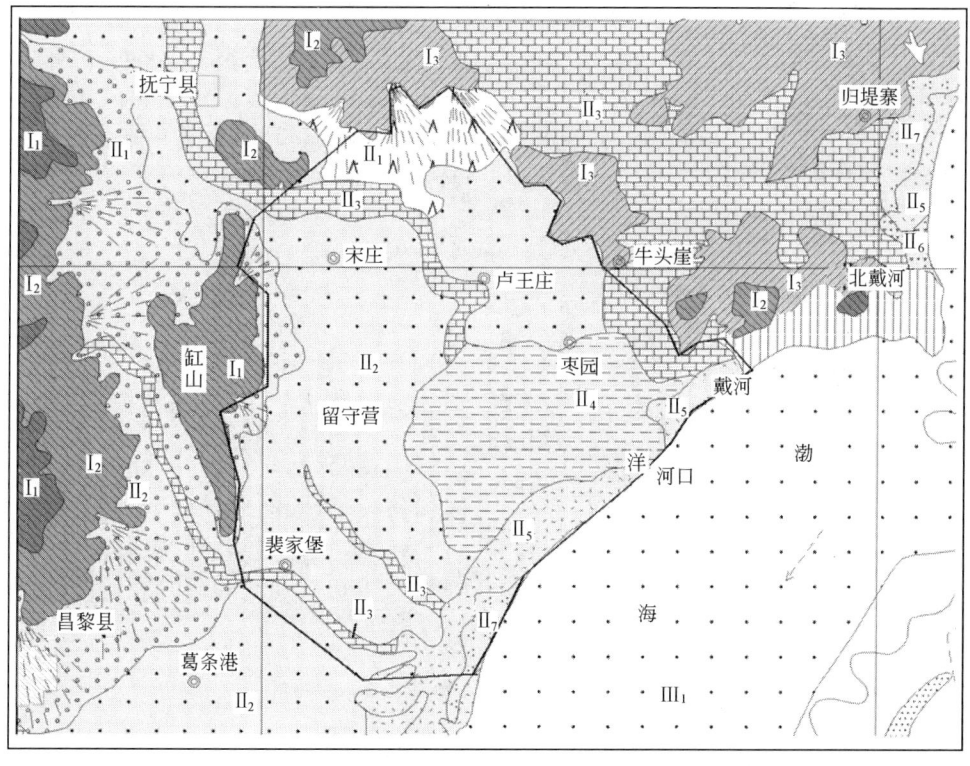

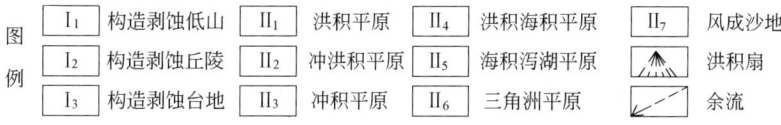

图 2-2　秦皇岛洋戴河平原地形地貌图

### 2.1.2 气象与水文

#### 2.1.2.1 气象

洋戴河平原区属于温暖半湿润季风气候，主要特点是四季分明。春季时间很短，干旱多风，降雨稀少；夏季受印度洋低气压和太平洋副热带高压控制，盛行偏南风，带来大量湿润空气，形成高湿、高温、多雨的气候；秋季降温迅速，形成晴朗少雨的气候；冬季盛行西北风，形成寒冷、干燥、少雪的天气。夏季平均气温21~25℃，最高温度达到39.9℃，冬季平均气温6.3℃，最低气温达到−21.5℃。由于受到海洋的影响，日平均温差较小。

受季风影响，洋戴河平原区内降雨量年际、年内分配不均匀，1950~2004年的多年平均降雨量为670.4mm（见图2-3），最高年份1969年为1165.4mm，较低年份1997、1999、2002年分别只有410 mm、430 mm、404 mm。1979年后，该区年平均降雨量为622 mm，明显低于1950~1979年的平均值750 mm。年内春季3~5月份降雨最少，降雨主要集中在7~9月这三个月，占全年降雨量的70%~80%。多年平均蒸发量为1468.7mm，最大达1673.2 mm。近年来受人类活动的影响，年蒸发量有逐渐增大的趋势。年内则以春季蒸发量最大。

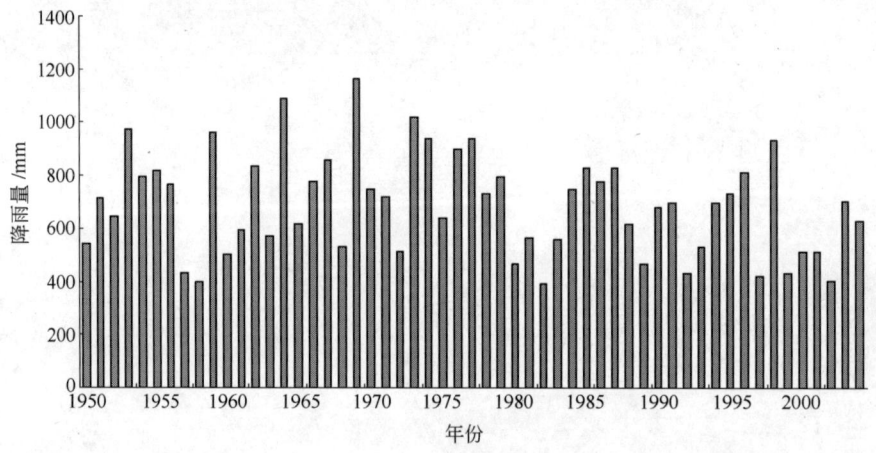

图2-3  1950~2004年洋戴河平原年降雨量

#### 2.1.2.2 河流水文

流经洋戴河平原区的河流主要是洋河及其支流浦河，其次是戴河。洋河从该区西北部流入，贯穿全区，向东南注入渤海，全长约100km，流域面积1110km$^2$，多年平均径流量为1.107×10$^8$m$^3$/a。戴河流经该区的东部，多年平均径流量为2.74×10$^7$m$^3$/a。

两条河流都源起于燕山山脉，具有山溪性河流的特点：流程短、落差大，汛期洪水量大，旱季水量骤减以至干涸。由于河流落差大、冲刷力强，河流河床堆积物较粗，多以砂和砾石为主。河流在入海处河口段，由于海洋水动力作用大于河流冲积作用，常常造成河口壅水，使得河口砂嘴后退，形成葫芦形态。

20世纪60年代初，为解决洋、戴河下游平原区洪水灾害及发展农田灌溉，先在洋河上游修建了洋河水库，后在戴河中游修建了一座小型水库，这些都大大削减了洋、戴河的入海水量。进入80年代后，由于连年干旱，除汛期河道行洪或接纳水库弃水外，春、秋、冬季两条河流的下游均出现过断流。河口入海水量的减少，使得海洋潮波侵入形成负流，洋、戴河的潮汐界均有向上延伸的趋势。尤其是80年代后，人们在洋、戴河河口处的无序挖沙，使得河床遭到破坏，导致了海潮上溯与海水在河口河道内的滞留。

### 2.1.2.3 海洋水文

洋戴河平原区潮汐类型为不规则全日潮。本海区多年平均潮差为0.72m，最大潮差2.45m，多年平均潮位为0.88m（黄海基准面），最高潮位2.48m，最低潮位-1.43m。

区内海域潮流为不规则半日流，主流向为东北-西南方向，流速约为0.5~0.9海里/小时。

潮流是与潮汐同时发生的周期性水平运动海流，渤海涨潮潮流由渤海湾口流向湾里，在秦皇岛外海分为两段，一股流向西南，另一股流向东北，落潮方向潮流与其相反。洋戴河平原区海岸处于分潮点以西，潮流流向大致与海岸平行，涨潮流向西南，退潮流向东北，潮流流速为0.6~0.9m/s。

海域多年平均表层水温为12.0℃，年内以1月份最低为-1.3℃，8月份最高为26.1℃。多年实测最高水温为31.1℃，最低水温为-2.1℃。

洋戴河平原区海域内多年平均盐度值为29.83‰，年内以1~6月份最高，可在30‰以上，而7~12月份的盐度较低，低于30‰。

### 2.1.2.4 风暴潮

渤海沿岸是风暴潮发生较强烈的地区，自1953年到2004年河北省沿海共发生风暴潮灾害20余次，风暴潮潮位一般在3~5m，潮水入侵内陆距离一般为5~10km。其中2003年10月11日的风暴潮对洋戴河平原区影响较大。

## 2.2 地质概况

### 2.2.1 地层

洋戴河平原区地层发育较全，在太古界-下元古界变质岩系褶皱基底之上，不整合覆盖着轻微变质的中-上元古界地层，而后沉积稳定型的海相寒武系和奥陶系，普遍沉积缺失晚奥陶系起至中石炭统。中石炭世和三叠纪开始出现海陆交互和陆相沉积。第四纪以来，新构造运动使洋戴河平原区陆地部分不断上升，海域不断下降，全新世前该区仅有陆相堆积地层，全新世初期该区发生海侵，以后陆地再次抬升。

区域内第四系地层厚度为5~80m，大部分地区为20~40m，主要分布于河流两侧，山前平原及滨海沿线，均由砂、砾石和黄土状亚黏土组成。成因类型主要为冲积、冲洪积，还有风积、湖积、海积、残坡积和人工堆积。根据地层的岩性特征，第四系地层可分为中更新统、上更新统和全新统。

（1）中更新统（$Q_2$）：厚度为4~12m不等。该冲积层上部一般为亚黏土、黏土，含少量铁锰结核，下部为粗砂、卵石，砂性土中含少量黏土颗粒。在洋戴河平原区内山间谷地分布有洪积层，如缸山前、牛头崖台地等都堆积有亚黏土。

（2）上更新统（$Q_3$）：在平原范围内以上叠阶地的形式覆盖在中更新统地层之上，厚度10~15m不等，其中以粗砂、卵石为主，常有亚黏土、黏土夹层或透镜体。

（3）全新统（$Q_4$）：广布于洋河、戴河流域，主要成因类型有冲积、洪积、海积、风积和海陆混合相沉积。冲积层一般分布在洋、戴河河床、河漫滩的两侧，厚度10~30m不等，以含卵石的粗砂为主。

风积层和海积层则沿海岸线呈带状分布，前者岩性以细砂、中细砂为主；后者岩性有中细砂、粉砂、淤泥质亚黏土等，局部夹有砾石、砂砾石。

## 2.2.2 构造

洋戴河平原区位于燕山褶皱带的东南部边缘，山海关隆起部位。自吕梁运动以来长期以上升为主，早期受到南部挤压形成东西向的构造，被新生代北东向断裂改造，构造形迹已经不再明显。该区的断裂构造主要可划分为以下几组（见图2-4）：

（1）纬向构造带：区内活动时间最长、展布较广的主体构造之一，前寒武纪已形成，并对元古界地层起控制作用，到燕山运动时，有强烈发展，表现为褶皱、断裂的多期活动。

（2）新华夏构造带：北北东向构造发育，断裂性质为压性及张性顺扭，特点是规模大，空间似等距平行分布，时间从中生代-近代均有活动。主要代表性断裂为留守营至408医院断裂带，由多条北北东向逆冲断层组成。大泥河地热都分布在该断裂带上，是一条活动型断裂。

（3）华夏构造体带：多分布在山区与平原的交接部位，是区内控制二级单元的主要构造界线，活动性较强，主要代表性断裂为昌黎断裂。

（4）北西向构造带：表现为独立的构造形式，性质为张扭及压性反扭。

区内新构造运动表现比较活跃，洋戴河平原区陆地经历了多次抬升，由此形成了区内特殊三级剥蚀台地的地貌特点，区内河流出山后多向东折，在其西部形成古河道，抚宁县南部的人道河原是洋河的一期古河道。总之，区内的新构造运动是明显的，不仅控制了河流的变迁改道，海岸的展布和蚀淤，也控制了区内的地貌展布规律和变化规律。

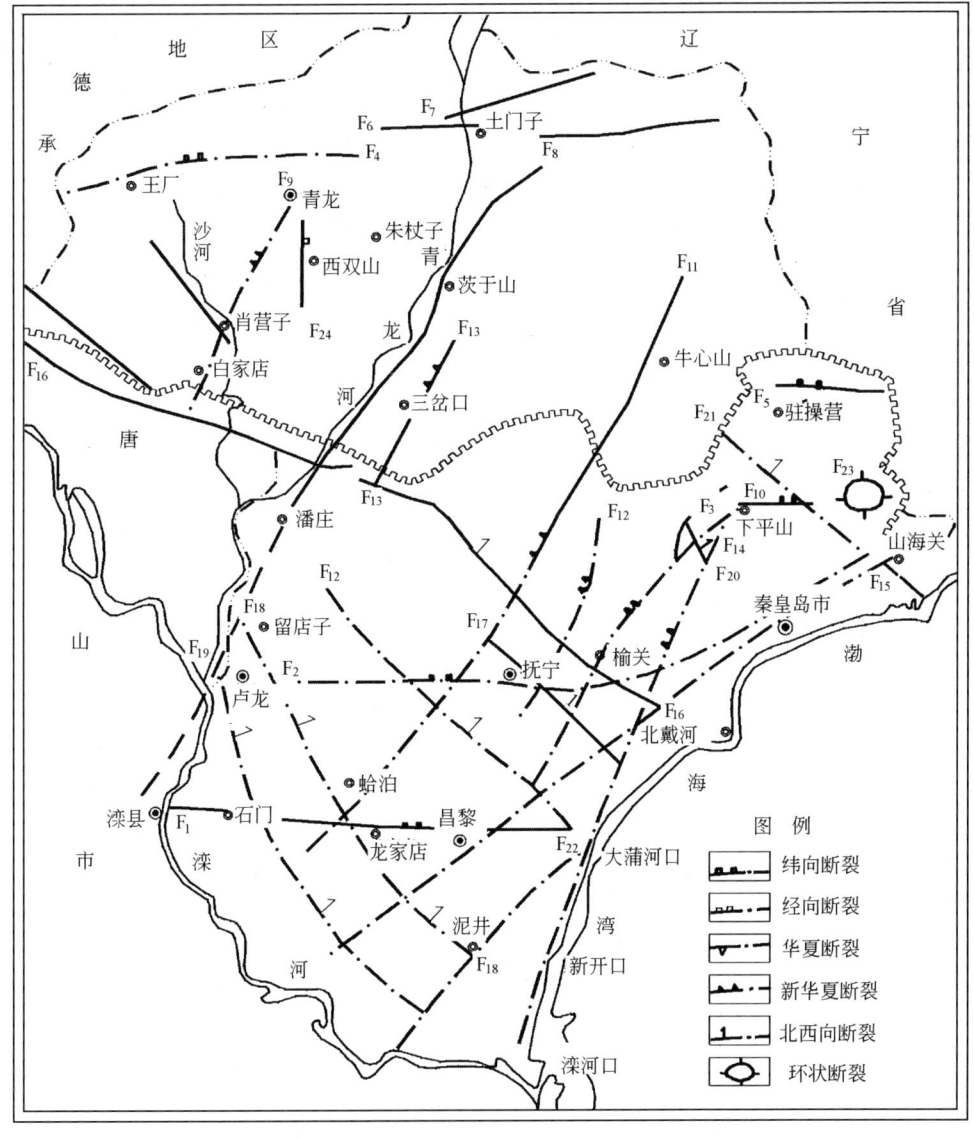

图 2-4　秦皇岛市主要断裂分布图

第四纪地质发展简史：第四纪地质与新构造运动息息相关，第四纪以来，新构造运动的活动是显著的，总的来讲，陆地部分不断上升，海域部分不断下降。早更新世以前，区内曾发育了三级剥蚀台地，呈北东方向展布，大致平行于现代海岸线和10m等深线。

全新世以前本区仅有陆相堆积，在古老的混合花岗岩基底上沉积了下更新统、中更新统、上更新统的冲洪积物。在新构造运动作用下，北部山区抬升，河流下切侵蚀，剥蚀物顺河搬运，在山前形成较大规模的冲洪积平原，延伸到现代海岸以南地区，更新统的海岸线远离现在的位置，位于渤海的大陆架上。

玉木冰期以后，全新世初期本区发生海侵，它与冰后期全球性海平面上升时期相对应。海侵范围已达目前一级剥蚀台地前缘，海岸线为曲折的港湾式海岸。

全新世初期的海侵之后，全新世中期陆地间歇式上升，出现海退。由于区域北西向基底构造继承其原始性质复活，迫使洋河、戴河、石河改道东移至现今河床。全新世后期，陆地进一步抬升，海水进一步后退，南李庄一带的泻湖干枯成为沼泽、湿地。基岩岬角海蚀崖、海蚀阶地被抬升至海平面以上3～8m。海蚀穴、海蚀壁等暴露于现代海岸之上，海岸线变成现在的形状。

## 2.3 水文地质条件

### 2.3.1 区域水文地质特征

洋戴河平原区属于滨海的丘陵、台地和平原区。该区东部平原区很窄，有些地段、台地直达海岸深入海中，从东至西，平原区宽度逐渐拓宽到10km以上。

平原地下水的赋存受地质构造、地层岩性、地貌和水文条件的控制，从山前平原向滨海平原，水文地质条件呈现出明显的水平分带规律。

洋戴河平原区北部、西北部的山区、丘陵、台地区面积大，降水量也充沛，是地下水的补给地带。这些地区的地表水、地下水多数沿沟谷、河谷向下游平原径流，成为平原地下水的主要补给源。洋戴河山前平原宽度均在10km以上。据已有研究资料说明，区内平原地下水形成年龄多在5～15年，表明大气降水渗入地下后，需要在地下径流5～15年的时间才能到达滨海平原区。

按含水介质的不同，洋戴河平原区地下水可划分为基岩裂隙水和松散岩类孔隙水。基岩裂隙水分布在台地及其以北地区，富水程度主要取决于基岩风化程度、断裂性质及规律。一般规律是强风化带、张性断裂及沟谷地区地下水丰富。第四系松散岩类孔隙水在洋戴河平原分布广泛，是本次海水入侵研究的主要类型。

平原区孔隙水的分布和富水性受沉积环境的控制，不同区域间含水层的厚度和富水性差别较大。平原中部地区含水组可达60～70m，向西、北、东平原边部地区含水层厚度变薄。洋河、浦河、戴河河道及其古河道带，含水层颗粒较粗，厚度较大，导数系数大，水量丰富，单井涌水量均在 1000~3000m³/d。而在山前平原的山麓地带，由于多沉积洪积黏土层，无含水层分布或厚度较薄，富水性较差。

## 2.3.2 含水层组构成

洋戴河平原第四系的孔隙含水层分布厚度各处不等，一般可划分为二到三个含水组，含水层以粗砂、砾砂、砂卵石为主。各含水组之间由亚黏土和黏土层相隔离，但并不连续，中间多有天窗，含水组之间有直接的水力联系。同时该区的工农业机井密集，多揭穿了各个隔水层，而各层之间均未作分层止水，进一步沟通了各含水组之间的水力联系，因此整个洋戴河平原多表现为潜水性质，含水层上下多具有统一的水位，部分地段为承压和微承压水。

根据洋戴河平原现有钻孔资料（见图 2-5）和水文地质剖面图（见图 2-6 和图 2-7），洋戴河平原含水组的富水性在平面上差异较大，平原西北部地层不全，一般只沉积了上更新统和全新统两层，地势高，地层薄，总厚为 10~25m，含水层厚度 8~15m，富水性相对较弱。西南部洪积扇一侧沉积颗粒细，黏土层较发育，透水层与弱透水层交互沉积，含水层的富水性较小。该区中部和东北部的区域，属洋戴河的冲积平原，具典型的冲积物的二元结构特征，上部为黏土、亚黏土，下部为砂卵砾石层，含水层厚 10~60m，单位涌水量 15~45m³/(h·m)。靠近沿海的东南部地区地层，具有明显的冲积海积相互沉积的特征，第四纪沉积物较厚，一般为 50~70m。黏土、亚黏土层与含水的砂、砾砂和卵石层交互沉积，富水性强。单位涌水量一般为 15~50m³/(h·m)，水位埋深一般为 2~4m。

丘陵台地区由混合花岗岩组成，强风化带厚 20~30m，多呈砂状，所含地下水属孔隙水性质；其下伏为构造裂隙水和风化裂隙水。机井单位涌水量一般在 0.1~1.0m³/(h·m)，局部最大可达 2~3m³/(h·m)，水位埋深 0.5~10.0m。水质以 $HCO_3 \cdot SO_4$-$Ca \cdot Na$ 型水为主，矿化度小于 0.5g/L。

## 2.3.3 地下水的补给、径流与排泄

洋戴河平原区地下水主要补给来源为大气降水入渗，其他还有地表水体、渠道灌溉水和山区台地的垂向和侧向补给水等。洋戴河平原及周边地区的地形坡降一般在 0.08‰~0.25‰之间，有利于上游降水的汇聚入渗；该区农业发达，水稻种植广泛，稻田周围良好的田埂对汇集降水起到了一定的作用，该区农业灌渠数量多，引水灌溉期间通过灌渠渗入地下水的补给量很大；区内池塘、洼地等较多的地表水体，能更充分地汇集降雨所形成的地表径流集中继续下渗，因此，洋戴河平原区存在着地下水补给的良好地形地貌条件。但由于洋戴河冲积平原的二元

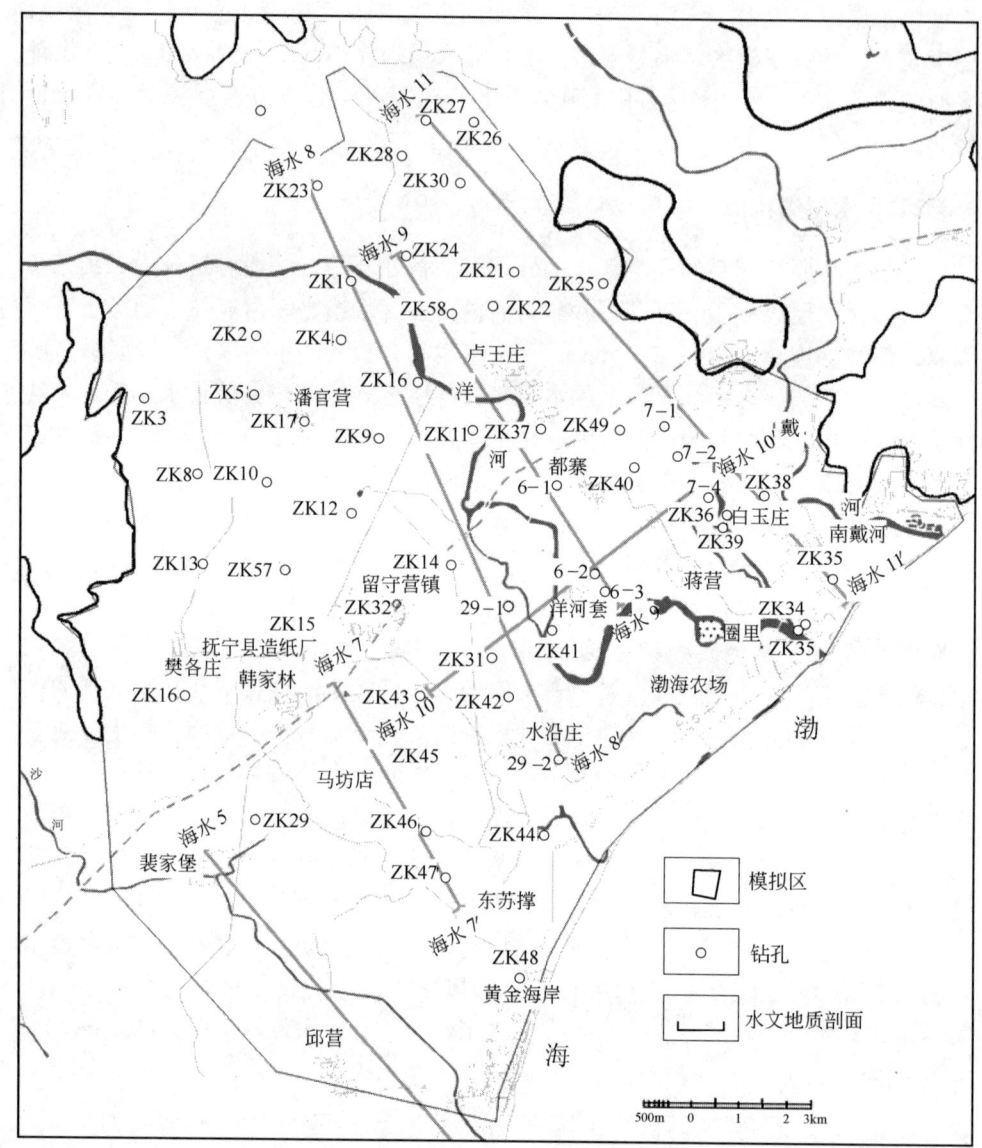

图 2-5  洋戴河平原水文地质钻孔及水文地质剖面位置图

沉积结构特征,西南为洪积扇沉积,因此,整个平原上部多存在一层黏性土层,为不利于补给入渗的地表岩性条件。

洋戴河平原区内地下水分水岭和地表水分水岭基本一致。天然状态下,全区总的地下水径流方向是由西北向东南,即由山地流向台地、平原,最后流入大海。然而自 20 世纪 90 年代以来,由于西部樊各庄、留守营地区地下水漏斗的不断扩大,使由北向南、由高向低的天然地下水流场,变成向地下水漏斗中心汇集

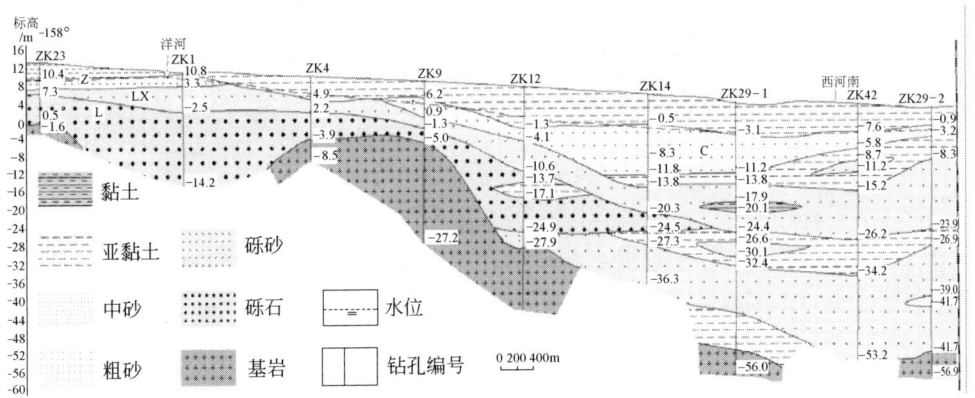

图 2-6　海水 8-海水 8′水文地质剖面

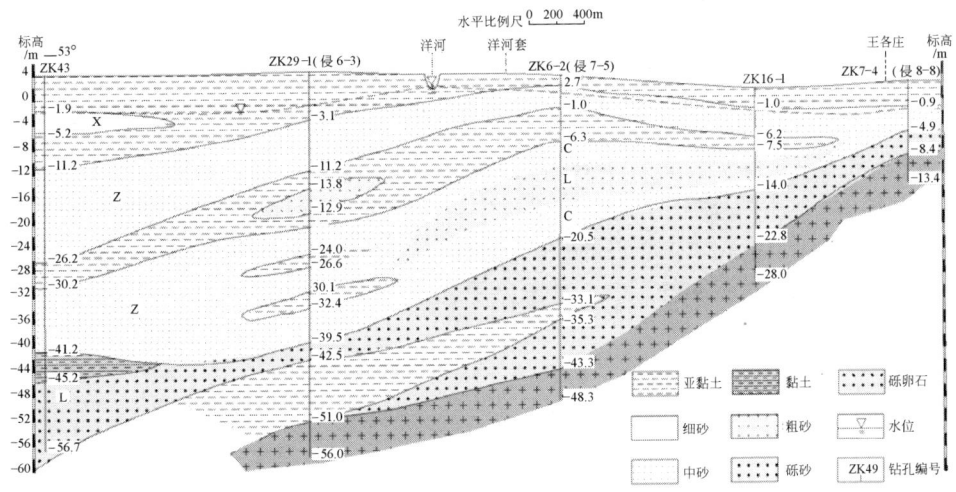

图 2-7　海水 10-海水 10′水文地质剖面

的状态。

　　总的看来，由山前至滨海，随着地形坡度、含水层颗粒组分和地下水水力坡度的变化，地下水径流强度逐渐由强变弱，水循环速度减缓，水化学类型复杂，矿化度也越来越高。

　　地下水在自然状态下主要以地下径流的形式排入渤海，而在地下水埋藏较浅、包气带岩性以亚砂土、亚黏土为主的地区，潜水的蒸发作用也是一种排泄方式。目前，对于洋戴河平原区来说，人工开采已成为该区地下水的主要排泄方式。因为该区机井星罗棋布，每逢春夏季用水高峰期，仅农业一项日开采量就达到 $1.5 \times 10^{6} \sim 1.7 \times 10^{6} \mathrm{m}^{3}$。再加上枣园水源地、各造纸厂、化肥厂、工业自备井的开采量，数量相当惊人，所以人工开采地下水已成为该区地下水的主要排泄方式。一般来说，这种开采方式具有季节性，在每年的农业用水旺季，地下水位急剧下降，至 4~5 月份达到全年地下水位最低值。然后，随着抽出的地下水灌溉农田后的回渗，雨季来临和农业开采量的减少，地下水位又逐渐回升，至 1~2 月份达到全年最高水位值。

### 2.3.4 地下水水位动态

洋戴河平原区内地下水潜水水位动态，多属径流-入渗-开采型，近海为径流-蒸发-潮汐型，其特征叙述如下：

（1）径流入渗开采型动态类型。径流入渗开采型动态类型的水位变化规律是：地下水位由上年末至本年初的二月，表现出以侧向径流为主，补给量在逐渐减少，水位呈平缓下降的规律；进入 3 月因解冻，使包气带上部的冰融化为重力水而下渗补给地下水，因此水位呈现了上升趋势；此后，由于解冻冰水有限，再加农业等大量抽取地下水，使侧向径流少于开采量，所以水位呈现了下降趋势，直到 5 月中旬前后出现年最低水位。进入 6 月，随着降水量的增加，入渗补给量增多，水位开始回升，直至 8 月底前后出现年最高水位；然后随着降水量的减少，补给量也在减少，故水位出现下降规律。

（2）径流蒸发潮汐型动态类型。径流蒸发潮汐型的地下水水位动态类型，因地下水位埋藏浅，水力坡度小而径流缓慢，水位动态除受径流补给、蒸发排泄控制外，还受海洋潮汐的影响，即涨落潮影响水位升降。

### 2.3.5 地下水水化学特征

#### 2.3.5.1 地下水水化学类型及其分布

采用 R 型聚类分析和 Piper 三线图解法对本区地下水化学成因进行了划分，在水平分布上，由北部丘陵区向南部滨海平原变化的规律为：矿化度由低增高，水化学类型由简单到复杂，依次为重碳酸盐类型、硫酸盐和氯化物为主的混合类型、氯化物-钙钠类型、氯化物-钠类型（见图 2-8）。

（1）重碳酸盐类型水：主要分布在冲洪积平原北部的山前地带和洋河以西的洪积扇地带，其水化学指标特征为 TDS$<0.5$g/L，$r_{Na}/r_{Cl}>1$，$HCO_3/Cl>1$，其主要是由大气降水渗入溶滤形成的，是典型的溶滤水。

（2）氯化物、硫酸盐为主的混合类型水：属于过渡类型水，主要分布在冲洪积平原的中前缘至海岸带附近，其成因系数 $r_{Na}/r_{Cl}<0.85$，$r_{Mg}/r_{Ca}<1$，$HCO_3/Cl$ 值在 1 左右，反映了地下水受海水或污水混合作用明显，致使地下水化学成分处于变动状态之中，其水化学特征呈混合型特点。

（3）氯化物-钙、钠类型水：属于地热成因水，在侵 8-2（即抚 31）井处，

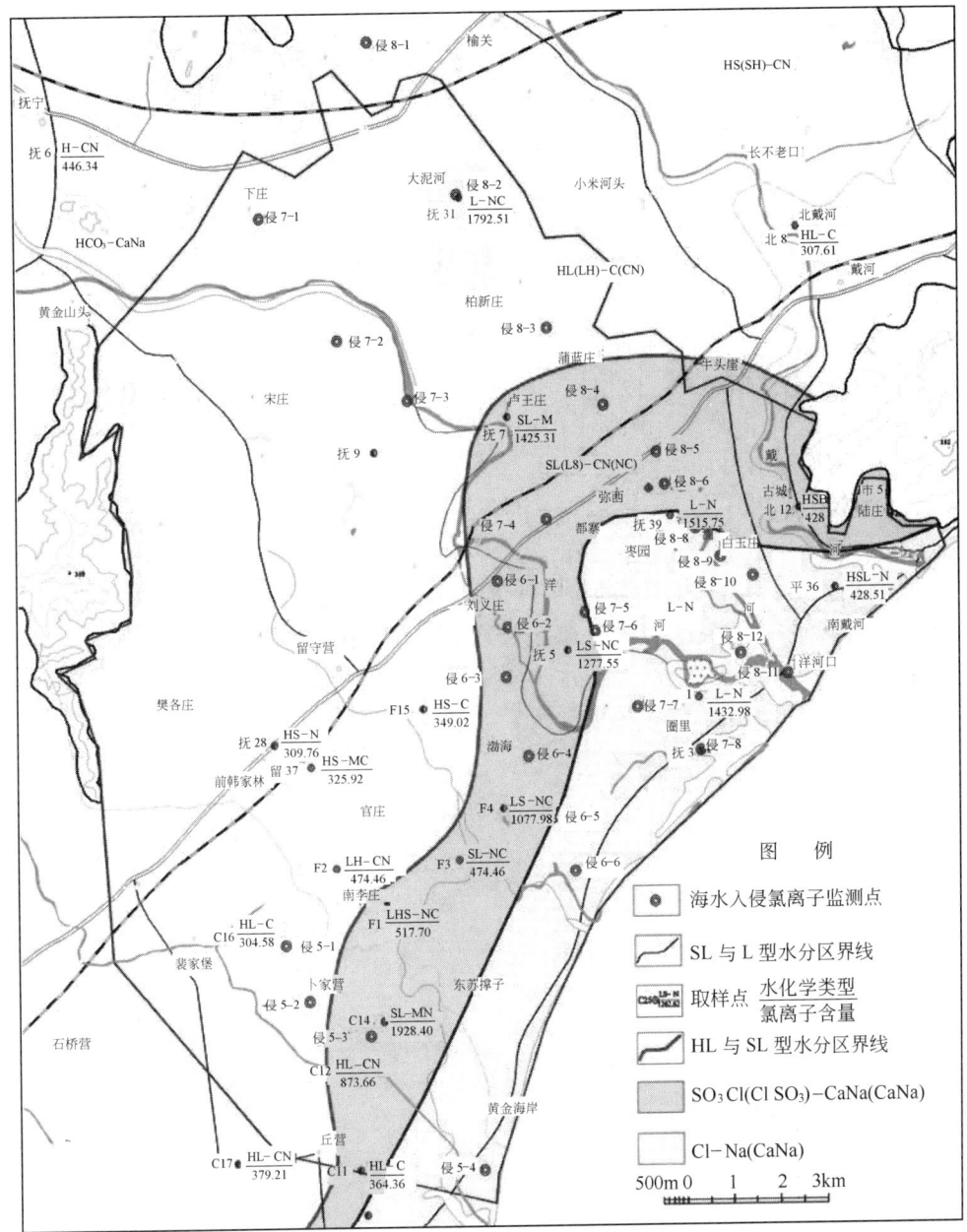

图 2-8　2002 年水化学类型分区

为一埋藏于基岩裂隙中高矿化地下热水溢流补给带，地下冷水并与之混合，形成高矿化度和高水位的地热异常带，但不作为本书研究重点。

（4）氯化物-钠类型水：主要分布在滨海区域，其成因系数特征：$r_{Na}/r_{Cl}$ 值小于或接近 1 左右，$HCO_3/Cl<1$，说明水的化学成分源于海水或海水对其影响较

大，是典型的海水入侵区混合水。

由上述不同类型地下水的分布特点及其成因系数特征可以看出，洋戴河平原区地下水化学成分受地貌、含水层岩性、地质构造、水文地质条件、古地理及现代海水、人类活动等因素的影响。

### 2.3.5.2 地下水化学成分的形成

采用多元统计分析方法，以地下水参数 K+Na、Ca、Mg、Cl、$SO_4$、$HCO_3$、pH 值、游离 $CO_2$、总硬度、永久硬度、暂时硬度、$r_{Mg}/r_{Ca}$、$r_{Na}/r_{Cl}$、$HCO_3/Cl$ 为统计变量，对洋戴河平原区水样点进行 R 型和 Q 型聚类分析（左文喆，2012）。根据分析谱系图，以相关系数 0.7 为准，变量 Mg、Cl、$SO_4$、矿化度、K+Na 及 $r_{Mg}/r_{Ca}$ 相互关联，其中矿化度与 Cl 含量相关系数为 0.9985，K+Na 与 Cl 含量相关系数为 0.9940，K+Na 与 Mg 含量相关系数为 0.9732，K+Na 与 $SO_4$ 含量相关系数为 0.9459，K+Na 与 $r_{Mg}/r_{Ca}$ 的相关系数为 0.8187，这说明该区的地下水中矿化度受 K+Na、Mg、$SO_4$ 及 $r_{Mg}/r_{Ca}$ 的控制。由 K+Na 与 Cl、K+Na 与 Mg、K+Na 与 $SO_4$ 及 K+Na 与 $r_{Mg}/r_{Ca}$ 的相关性可知，K+Na 含量与 Cl、Mg、$SO_4$、含量及 $r_{Mg}/r_{Ca}$ 同步增减，这无疑反映了地下水受海相及泻湖相沉积层的影响或海水入侵的混合作用控制。可以认为，海水及全新世初期海侵所形成的海相地层对本区地下水化学成分的形成有着重要的影响。

# 3

秦皇岛洋戴河平原海水入侵调查

## 3.1 洋戴河平原海水入侵灾害的形成

### 3.1.1 地下水开采历史与地下水流场变化

#### 3.1.1.1 地下水开采历史

洋戴河平原是农业种植和旅游业相对集中的地区，其地下开采可分为三个阶段：第一阶段从1949~1965年，地下水开采以农用为主，开采井主要为砖石井。北戴河区主要供水水源地——枣园水源地建于60年初期，当时抽水量仅为125万立方米/年，此阶段地下水基本处于采补平衡状态。第二阶段从1966~1989年，为机井大发展阶段。枣园水源地60年代后期开采量逐年增加，70年代后期开采量约为350万立方米/年，到80年代开采量已超1000万立方米/年。此阶段洋戴河平原的农业种植又多以稻田为主，需水量很大，开采时间主要集中在每年的5~10月，采水量7万~8万立方米/天，大大超过了最大允许开采值，全区水位不断下降，形成以枣园水源地为中心的下降漏斗，漏斗中心水位降至-3m以下。第三阶段从1990年至今，此阶段农用机井发展处于平衡阶段，机井数量增加很少。然而80年代后随着乡镇企业的迅速发展，西部一带的工业造纸厂相继建成后，过量抽取地下水，又形成一个以留守营、樊各庄为中心的地下水位降落漏斗，1991年漏斗中心最低水位可达-11.55m。1992年"引青济秦"工程开通后，洋戴河平原地下水开采强度减缓，东部原枣园地区开采量开始逐年减少，至2000年，只在夏季旅游用水高峰期有零星开采。枣园水源地（计算面积约23km²）及洋戴河平原（234km²）近年来地下水开采量见表3-1和表3-2。

表 3-1  枣园地区地下水开发量统计　　　　　　　　　　　($10^4 \text{m}^3$)

| 年　份 | 开采量 | 年　份 | 开采量 | 年　份 | 开采量 |
|---|---|---|---|---|---|
| 1983 | 1762 | 1989 | 1286 | 1995 | 685 |
| 1984 | 1726 | 1990 | 1025 | 1996 | 682 |
| 1985 | 1698 | 1991 | 1140 | 1997 | 670 |
| 1986 | 1256 | 1992 | 938 | 1998 | 719 |
| 1987 | 1303 | 1993 | 760 | 1999 | 706 |
| 1988 | 985 | 1994 | 710 | | |

表 3-2  1998~2004 年洋戴河平原地下水开采量  ($10^4 m^3$)

| 年 份 | 农业开采量 | 工业开采量 | 生活用水量 | 合 计 |
|---|---|---|---|---|
| 1998 | 4725.69 | 1890.27 | 503.54 | 7119.50 |
| 1999 | 3213.36 | 1638.81 | 374.47 | 5226.64 |
| 2000 | 2973.40 | 1338.03 | 289.44 | 4600.87 |
| 2001 | 3081.16 | 1417.33 | 302.00 | 4800.49 |
| 2002 | 2242.78 | 1543.15 | 822.00 | 4608.82 |
| 2003 | 2189.53 | 1560.00 | 803.26 | 4552.79 |
| 2004 | 2080.00 | 1610.00 | 810.00 | 4500.00 |

### 3.1.1.2  地下水流场变化

在地下水大规模开采前的天然状态下，洋戴河平原区地下水的总体流向为由西北向东南径流入海。受各个时期开采中心和开采强度的影响，地下水流场也在不断变化，负值区中心由 20 世纪 80 年代的东部枣园地区，逐渐过渡到西部樊各庄-留守营地区，西部漏斗的影响作用和范围不断加大，中心水位不断下降，至 2002 年，最低水位已达-14m。各时期地下水位等值线图如图 3-1 和图 3-2 所示。

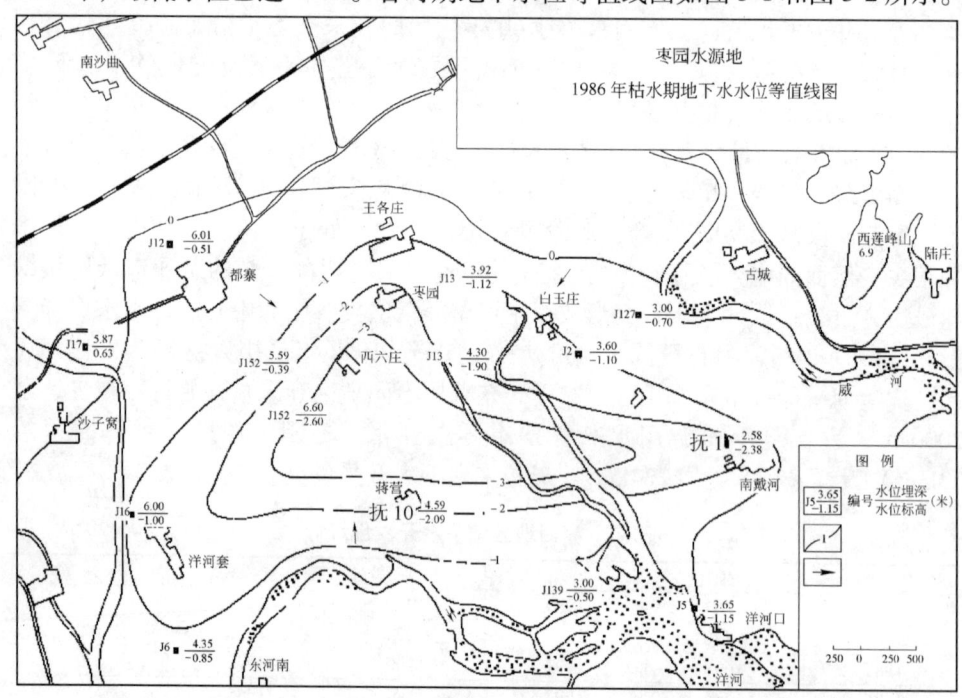

图 3-1  枣园水源地 1986 年枯水期地下水水位等值线图

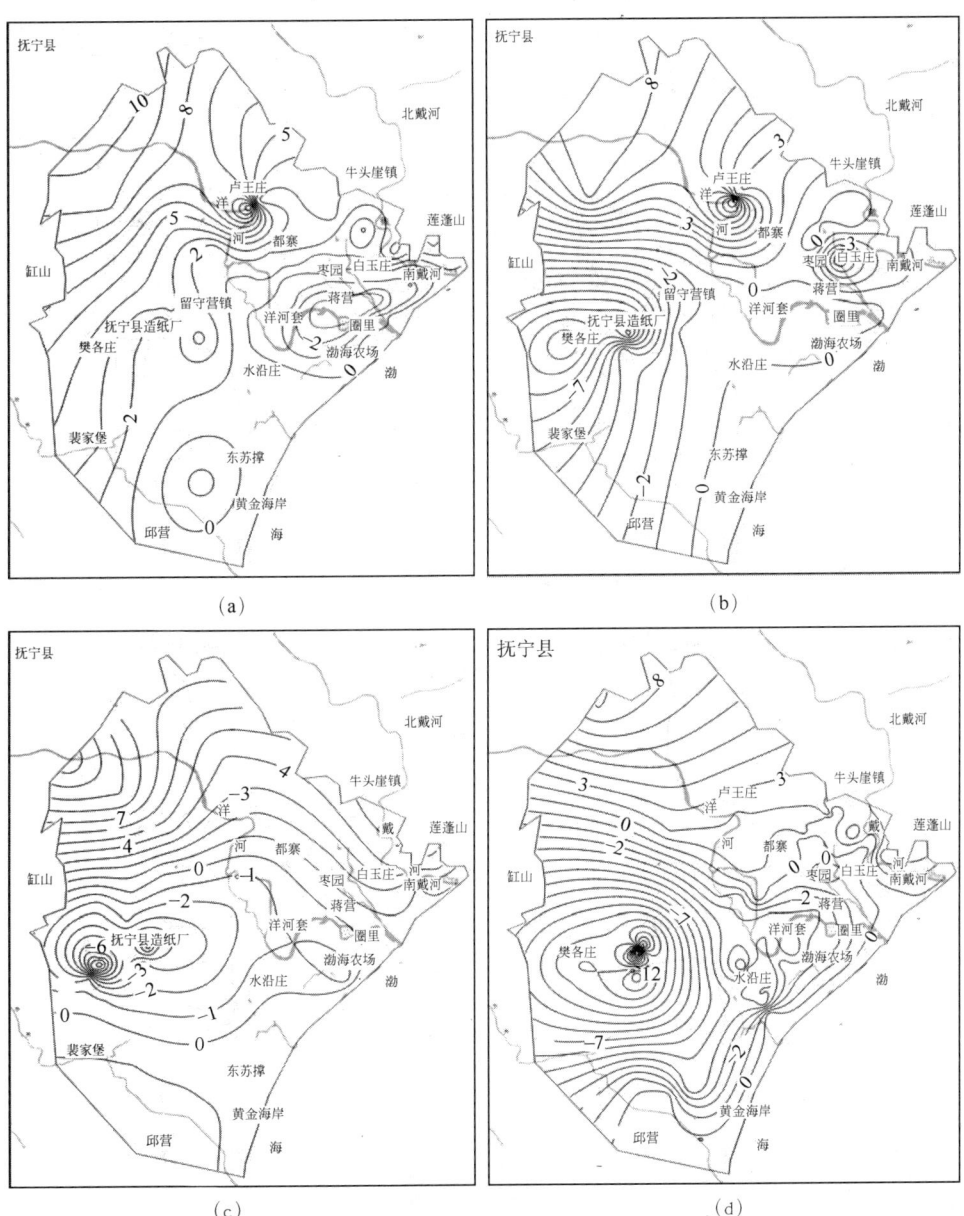

图 3-2 洋戴河平原不同时期地下水水位等值线图

（a）1987 年地下水位等值线图；（b）1991 年地下水位等值线图；

（c）1998 年地下水位等值线图；（d）2004 年地下水位等值线图

　　从洋戴河平原区内主要水位长观井（抚 3、抚 5、抚 7、抚 9、抚 28 和抚 39，位置见图 2-8）的多年水位变化曲线图看，区内地下水多为潜水水位动态，按其地下水位变化特点，可分为径流入渗开采型和径流蒸发潮汐型动态类型。

　　径流入渗开采型动态类型以西部的抚28和东部的抚39、抚7、抚9为代表（见图3-3）。东部井的动态类型的水位变化规律是：每年的3~6月份，洋戴河平原东部地区开采地下潜水作为灌溉水源，4~6月水位快速下降，降至全年水位最低值。6、7月雨季开始，采水减少，随着农田灌溉用水的回渗、降水入渗及周围地下水的径流补给，地下水位迅速回升。雨季结束后，周围的径流流入充填开采形成的局部漏斗，水位持续平缓回升，至1~2月份达到全年最高水位值之后，随着降水量的减少，补给量也在减少，加上生活用水开采，水位又缓慢下降，至下一农业开采高峰。总体上这种类型水位年内年际水位变幅不大，地下水收支基本可以平衡。

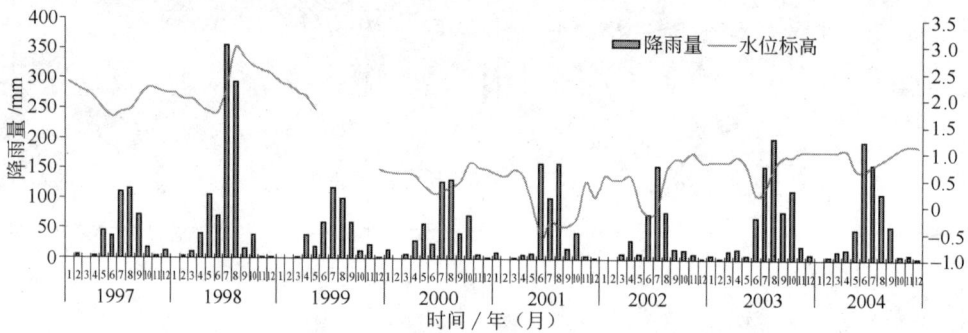

图 3-3　抚 39 井降雨量与地下水位标高变化曲线

　　洋戴河平原西部抚28井位于樊各庄-留守营漏斗的中心区域，受周围造纸厂大量开采地下水的影响，地下水位自2000年后持续下降（见图3-4）。侧向径流补给和入渗补给不足以补偿人工开采量，西部地区地下水收支失衡，采大于补。

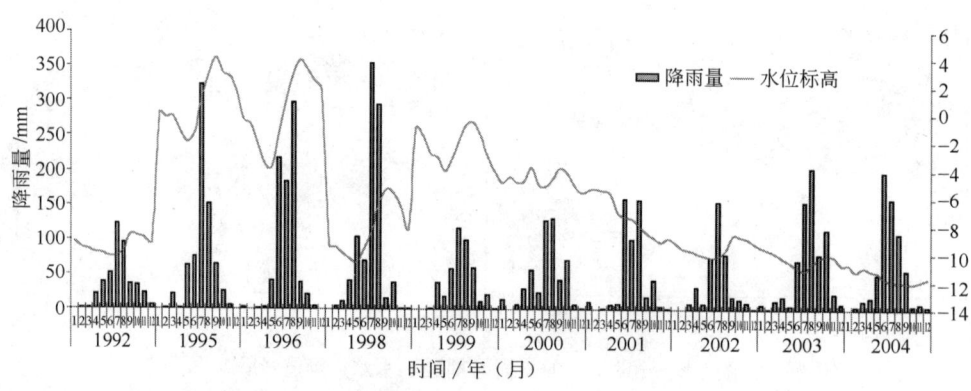

图 3-4　抚 28 井降雨量与地下水位标高变化曲线

　　径流蒸发潮汐型动态类型以抚3井为代表（见图3-5），因地下水位埋藏浅，水力坡度小而径流缓慢，水位动态除受径流补给、蒸发排泄控制外，还受海洋潮汐的影响，即涨潮落潮影响水位升降，水位多年变幅不大。

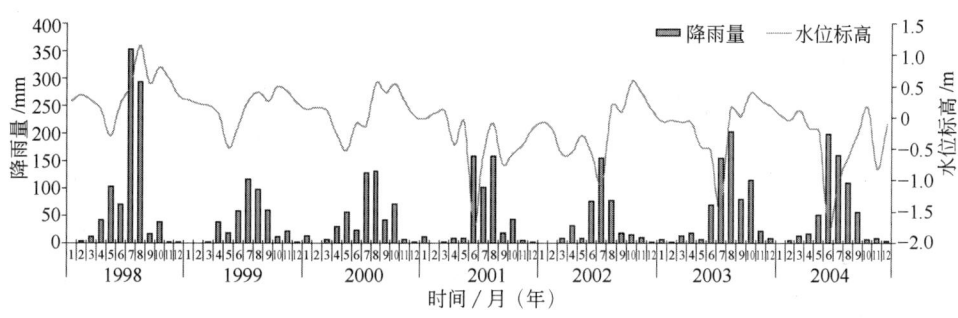

图 3-5 抚 3 井降雨量与地下水位标高变化曲线

由于洋戴河平原东西两区开采历史和开采模式的不同，反映在东西两区长观井的水位变化趋势也是不同的（见图 3-6），东部地区开采井早期受枣园水源地集中开采影响，1992 年前水位呈连续下降趋势，随枣园水源地的逐年减采，1995 年后水位下降幅度平缓，部分井水位逐年缓升，由于 1999 年大旱及后期用水需求的增加，东部地区地下水位又略有下降。西部漏斗区的抚 28 井在 80 年代后期水位标高还在 0m 之上，90 年代后随当地造纸业的发展，几个纸厂成为当地的用水大户，水位连年下降，特别是 2000 年后，水位下降幅度增大，与东区水位缓升的趋势恰恰相反，地下水位呈逐年下降趋势，地下水开采中心整体转移到西部地区。

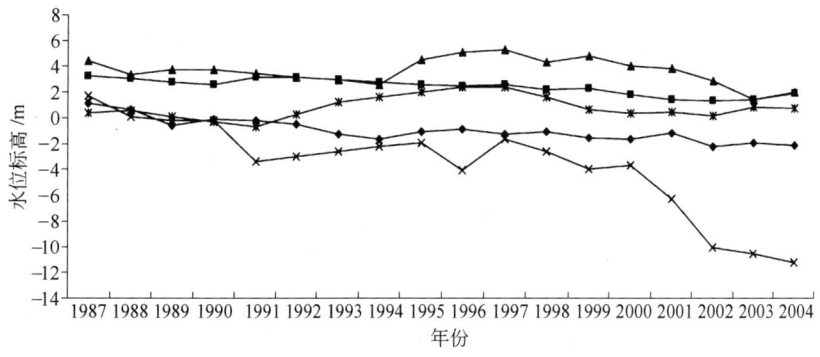

图 3-6 洋戴河平原区长观井多年枯水期水位变化曲线
—◆— 抚 5；—■— 抚 7；—▲— 抚 9；—✕— 抚 28；—✳— 抚 39

## 3.1.2 海水入侵的形成与危害

### 3.1.2.1 海水入侵灾害的形成

20 世纪 70 年代后期，随着洋戴河平原地下水开采量的不断加大，加之连年气候干旱，致使该区地下水位大幅下降，形成了多处低于平均海平面的地下水位负值区，天然状态下海水与平原区地下淡水之间的动态平衡被打破，海水向内陆侵入，海水入侵现象发生。

1986年5月，地下水位负值中心位于平原东部的枣园-蒋营一带（见图3-1），地下水位负值区闭合面积为28.15km²，随着20世纪80年代后期西部乡镇企业的迅速发展，留守营、樊各庄为中心的地下水位降落漏斗形成，到2004年5月底，地下水位负值区向西北移至留守营地区，负值区面积为132.34 km²。反向水力坡度导致海水向低水位区流动补给地下水，海水侵入到原地下淡水空间，与地下淡水混合形成高矿化度的咸水。

根据洋戴河平原区内水化学监测资料，20世纪60年代以前，该区地下水水质良好，氯离子含量为90~130mg/L，水化学类型为$HCO_3$—Na型。70年代初，枣园地区个别水井开始出现微咸化现象，80年代初期以来，海水入侵活动迅速发展，枣园水源地供水井中氯离子含量从1963年的90mg/L、1975年的218 mg/L、1984年的385 mg/L、1986年的456.3 mg/L、1995年的459.5 mg/L、2000年的928.3 mg/L，到2002年的1367 mg/L（见表3-3），水化学类型为Cl-Na型。入侵面积（见表3-4）由1986年的21.8 km²、1990年的44 km²、2000年的52.3km²，到2004年的52.64km²，90年代以来，由于"引青济秦"工程的开通以及各部门对洋戴河平原区海水入侵问题的重视，对不合理的开采进行了限制，海水入侵速率有所减缓，处于波动中略有发展的状态。

表3-3　氯离子含量统计　　　　　　　　　　　　（mg/L）

| 年　份 | 1963 | 1975 | 1986 | 1992 | 1995 | 1998 | 2000 | 2001 | 2002 |
|---|---|---|---|---|---|---|---|---|---|
| 枣园水厂Cl⁻浓度 | 90.0 | 218.0 | 456.3 | 433.9 | 459.5 | — | 928.3 | 1234.8 | 1367.0 |

表3-4　洋戴河平原1990~2004年海水入侵面积统计　　　　（km²）

| 年　份 | 1986 | 1990 | 2000 | 2001 | 2002 | 2003 | 2004 |
|---|---|---|---|---|---|---|---|
| 海水入侵面积 | 21.80 | 44.00 | 52.30 | 44.01 | 47.85 | 52.19 | 52.64 |

注：1990年资料来自秦皇岛水文队水工环报告，2000年以后为项目监测。

### 3.1.2.2　海水入侵的危害

海水入侵给工业、农业生产带来很大损失。在枣园水厂，海水入侵使地下水中矿化度及氯化物、硫化物等浓度超过饮用水标准而不能饮用，水源地21眼供水井中的14眼报废，水源地不得不向北部增打新井，从而加大了采水成本。

海水入侵对农业的危害也是比较严重的，在枣园水源地附近的18个村庄有370眼机井的水质变坏，为农用井的48.6%，其中8个村发生饮用水困难。枣园地区地下水变咸后，该区大部分稻田现在不得不改种大田作物。

海水入侵不仅给洋戴河平原区工农业生产带来危害，对该区的资源环境问题也带来更大的压力。由于水资源不足，人们无节制地大量开采地下水引发海水入侵灾害的发生，使有限的水资源更加短缺。为满足当地工农业生产需要，又不得不向陆地一侧迁移开采水源地，从而导致海水入侵范围的不断扩大，开始出现地下水位下降-海水入侵-地下水咸化-地下水位再下降的恶性循环。地下水不足又影响地表径流，河流干涸，正常植被减少，生态环境恶化。海水入侵后，地下咸水沿土壤毛细管上升进入耕作层，土壤中 $Na^+$、$Cl^-$、$SO_4^{2-}$ 等离子的含量相对升高，由于本区近十多年来降雨普遍偏少，地面蒸发量增大，使土壤中的盐分向表层聚积，导致了严重的次生盐渍化，使当地原本脆弱的沿海生态环境形势变得更加严峻。

海水入侵的直接后果是使地下淡水资源恶化，其产生的破坏损失主要包括：开采井和配套供水设施报废损失，按各种设施的现实价值和失效程度核算；采用劣质水供水或缩减供水造成的粮食减产与企业产品减产损失，按现实减产价值核算；因开发新水源而增加的投资，按现实成本核算。

经评估，洋戴河平原海水入侵区的经济损失总额为 6234.0 万元，海水入侵面积 2004 年为 52.64km$^2$，平均损失模数为 118.6 万元/km$^2$。

## 3.2 海水入侵调查

为查清洋戴河平原区海水入侵的发展过程、发展规律，自 2002 年开始，至 2005 年初结束，开展了海水入侵专项调查。主要采用了地下水化学指标监测、物探电阻率法勘探、水文地质勘探等方法，在该区共设有水化学监测剖面 4 个（侵5、侵6、侵7、侵8）、水文地质勘探剖面 5 个（海水 7、8、9、10、11）、物探监测剖面 10 个（见图 3-7），还结合区内已有的观测孔、生产井及民井，布置水质监测点 80 多个，共同组成了该区的监测网，综合研究了海水入侵体的形态和动态变化特征。同时，充分收集前期其他工作成果，进行综合对比研究。

### 3.2.1 水化学监测

全面的水化学监测工作开始于 2002 年 5 月，监测剖面上各点每年于 3 月、5 月、9 月、12 月取样四次，其他井于每年 5 月枯水期取样一次，主要监测项目为 $Cl^-$，部分样品进行了简分析和全分析（2003 年取样时间为 9 月份）。对样品按相关技术要求和规定，进行分析测试。

水化学监测结果表明，随着洋戴河平原地下水开采地域和程度的不同，海水入侵的范围和程度也随之变化，因而，不同区域监测井的水质变化规律各不相同。

根据调查结果，对 2002 年后短期水质变化，沿垂直海岸方向，从东向西依

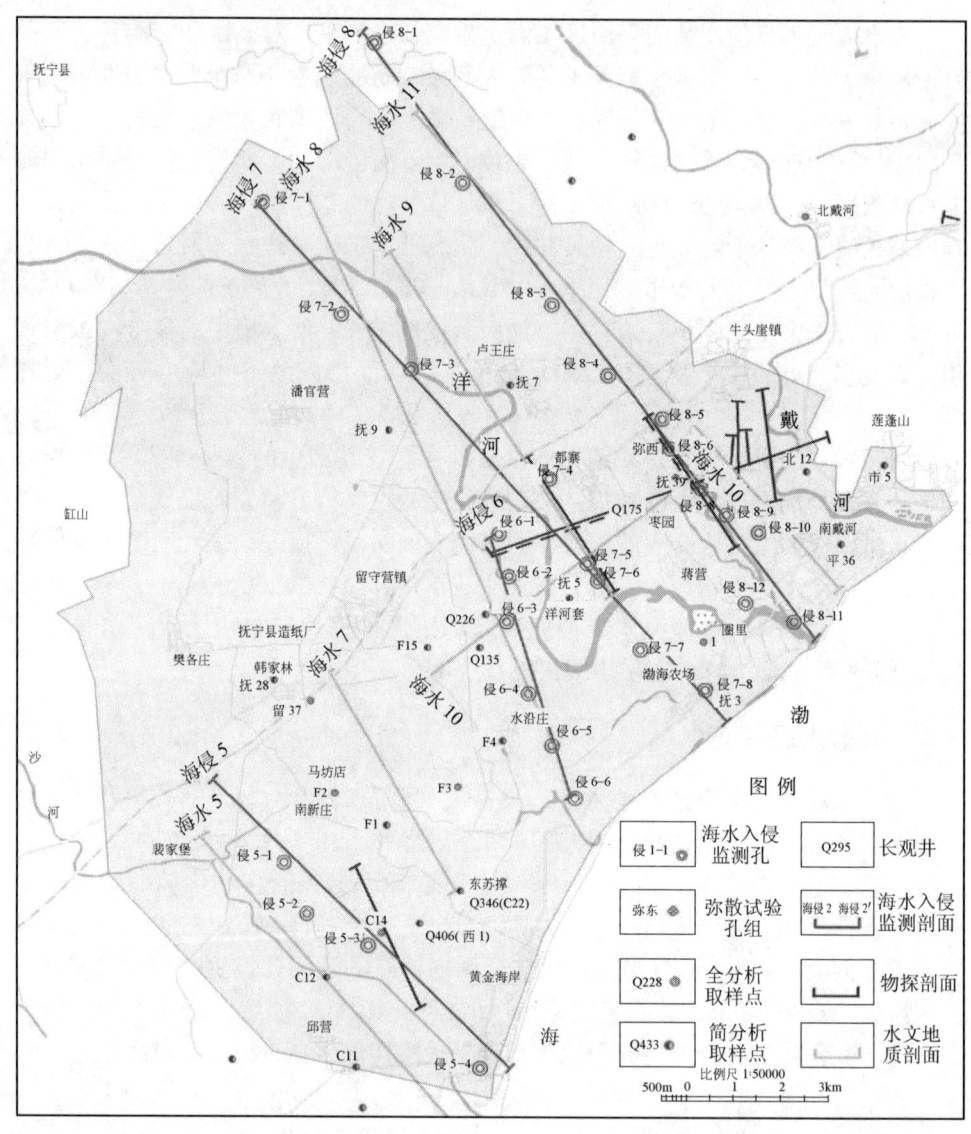

图 3-7 海水入侵监测线与监测点布设示意图

次按戴河区、浦河区、洋河区和西部漏斗区，讨论地下水水质的变化。

戴河区：仅有平 36 和北 12 两监测井的水化学指标（见表 3-5）可对比。15 年间两口井水质稍有咸化的趋势，但变化不大。

浦河区：以侵 8 剖面监测点为代表。从侵 8 一线 2002~2004 年 Cl⁻ 的短期监测结果来看（见图 3-8 和图 3-9），2002 年后本区水质只随季节性水位变化而上下浮动，总体上无上升趋势。说明侵 8 一线海水入侵动态平稳，尤其是在近海一侧的多年入侵区，Cl⁻ 浓度总体动态变化还略呈下降趋势。

表 3-5 戴河区由海向陆监测井水化学指标变化

| 井名 | 年份 | Cl⁻/mg·L⁻¹ | $rNa^+/rCl^-$ | 钠吸附比 | 咸化系数 | TDS/mg·L⁻¹ |
|---|---|---|---|---|---|---|
| 平36 | 1990 | 234.850 | 1.128906 | 3.30 | 3.692865 | 802.84 |
| | 2004 | 358.690 | 0.842261 | 3.53 | 5.231644 | 884.15 |
| 北12 | 1990 | 105.420 | 1.603564 | 2.65 | 0.727139 | 750.00 |
| | 2004 | 169.810 | 0.826514 | 1.65 | 1.100896 | 780.95 |

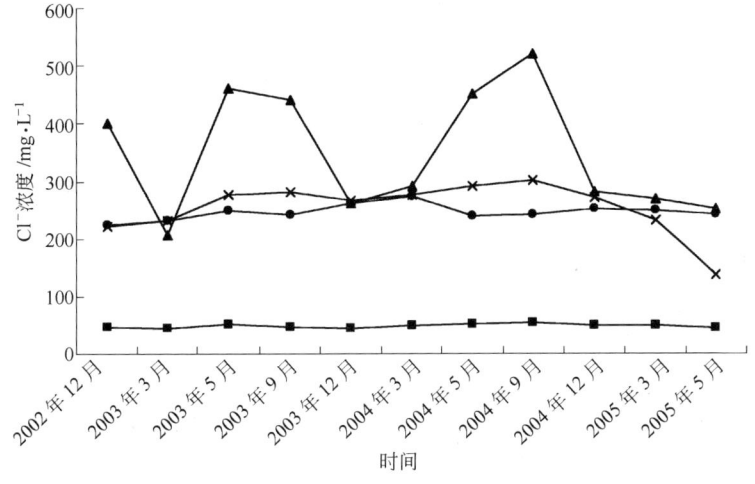

图 3-8 侵 8 剖面近陆侧监测井 Cl⁻浓度变化

●—侵8-5；■—侵8-4；▲—侵8-6；✕—侵8-7

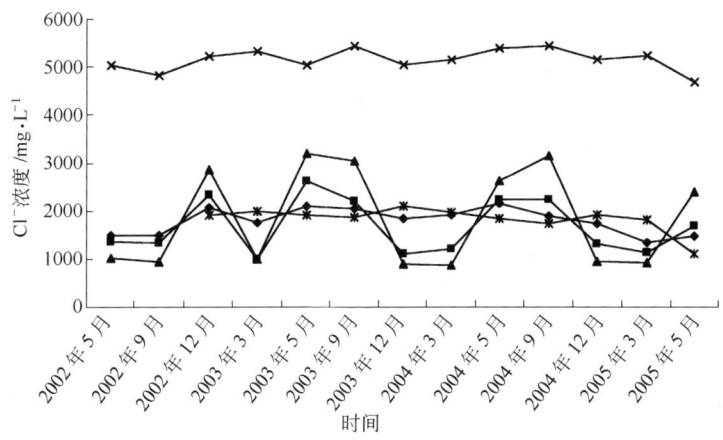

图 3-9 侵 8 剖面近海侧监测井 Cl⁻浓度变化

◆—侵8-9；■—侵8-10；▲—侵8-11；✕—侵8-12；✳—侵8-8

洋河区：以侵 7 剖面为代表，近海岸一侧 Cl⁻无明显增加的趋势，近陆一侧入侵前锋线位置却呈缓慢上升的特点，表明侵 7 剖面前锋线处，海水入侵呈动态扩大的趋势（见图 3-10 和图 3-11）。

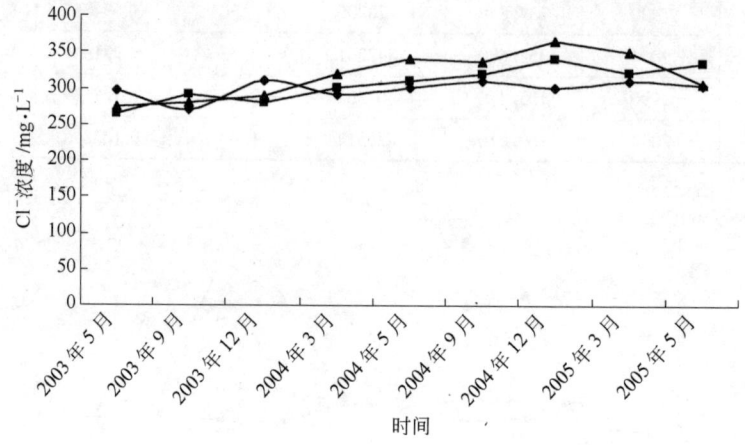

图 3-10 侵 7 剖面近陆侧监测井 Cl⁻ 浓度变化

　—◆— 侵7-4；—■— 侵7-5；—▲— 侵7-6

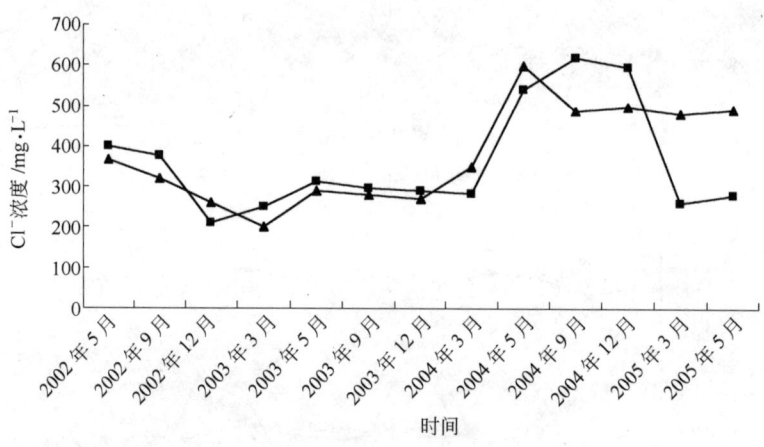

图 3-11 侵 7 剖面近海侧监测井 Cl⁻ 浓度变化

　—▲— 侵7-7；—■— 侵7-8

洋河与西部留守营漏斗之间的区域：此区是连接东西两区的过渡地段，从侵 6 剖面监测井 Cl⁻ 浓度看（见图 3-12），按从海向陆的入侵方向，2005 年海水入侵的范围应刚刚发展到侵 6-5 井处，侵 6-4 为淡水水质。但更靠陆一侧的侵 6-3 井的 Cl⁻ 平均浓度却大于近海一侧的侵 6-4 和 6-5 井的浓度，且有逐渐增加的趋势。侵 6-3 井 1986 年 Cl⁻ 浓度的监测数据仅为 36mg/L，2005 年达 160 mg/L（见表 3-6）。根据东西向水文地质剖面图（见图 3-7）反映，侵 6-3 井所在的海水 10-

海水 10′ 一线，东西向含水层连通性好，在西部漏斗影响下，海咸水可能顺层自东向西入侵。

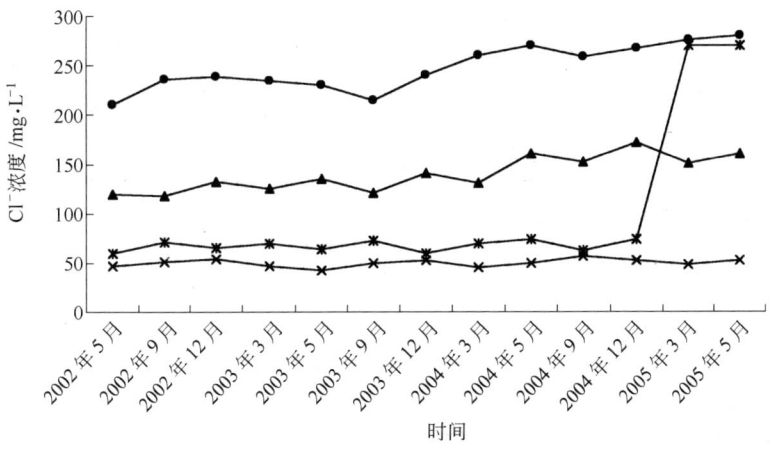

图 3-12　侵 6 剖面监测井 Cl⁻ 浓度变化
　▲— 侵6-3；　✕— 侵6-4；　✳— 侵6-5；　●— 侵6-6

表 3-6　侵 6 剖面各年度 Cl⁻ 浓度监测结果　　　　　　　　（mg/L）

| 监测井 | 1986.05 | 2002.05 | 2002.09 | 2002.12 | 2003.03 | 2003.05 | 2003.09 | 2003.12 | 2004.03 | 2004.05 | 2004.09 | 2004.12 | 2005.03 |
|---|---|---|---|---|---|---|---|---|---|---|---|---|---|
| 侵 6-3 | 36.00 | 120.00 | 118.00 | 132.00 | 125.00 | 135.46 | 120.25 | 140.40 | 130.50 | 160.40 | 152.30 | 172.50 | 150.30 |
| 侵 6-4 | | 46.50 | 51.20 | 53.40 | 47.50 | 42.10 | 49.53 | 52.20 | 45.10 | 49.70 | 57.18 | 52.27 | 48.70 |
| 侵 6-5 | 69.00 | 60.00 | 71.00 | 65.00 | 70.00 | 64.43 | 72.16 | 60.24 | 69.16 | 74.29 | 62.92 | 73.94 | 270.45 |
| 侵 6-6 | | 210.45 | 235.60 | 238.40 | 235.20 | 230.40 | 215.07 | 240.20 | 260.15 | 270.40 | 258.45 | 266.70 | 276.20 |

西部漏斗发育区：从海水入侵 5 剖面（见图 3-13）和西部水文井 Cl⁻ 的观测

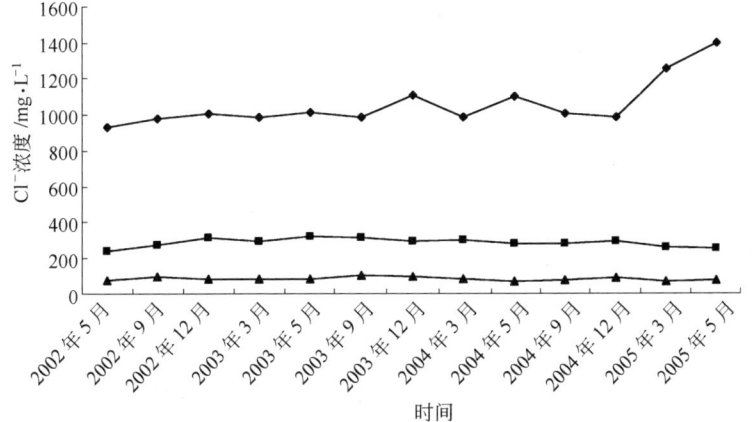

图 3-13　侵 5 剖面监测井 Cl⁻ 浓度变化
　◆— 侵5-3；　■— 侵5-2；　▲— 侵5-1

值（见表3-7）看，西部漏斗区海水入侵的咸淡水界面应在侵5-2、$F_1$、$F_3$和$F_4$一线。除侵5剖面外，从西部$F_3$井、$F_{4-2}$（深）井的$Cl^-$监测资料来看，2002年以来$Cl^-$浓度增加较快，说明尽管西区渗透性较差，但在较大的反向水力梯度作用下，海水还是呈面状缓慢向陆地侵入。同一位置，深水井$F_{4-2}$的$Cl^-$浓度高于浅水井$F_{4-1}$的浓度，达到274mg/L，说明海水入侵体的形状为楔形。

表3-7 西部$F_3$井$Cl^-$含量多年对比 （mg/L）

| 井 号 | 1990年5月 | 2001年5月 | 2002年5月 | 2003年9月 | 2004年5月 |
|---|---|---|---|---|---|
| $F_1$ | | 139.74 | 110.00 | | 283.490 |
| $F_2$ | | | 121.70 | 94.50 | 114.360 |
| $F_3$ | 38.36 | 39.73 | 75.00 | 180.85 | |
| $F_{4-1}$（浅） | | 66.13 | 49.30 | | 84.910 |
| $F_{4-2}$（深） | | | 274.00 | 123.83 | |

洋戴河平原水质长观井较少，从抚5井和抚39井多年水化学动态图看（见图3-14和图3-15），水质呈波动变化，$Na^+$和$Cl^-$的含量升高，总体呈逐渐咸化的趋势。

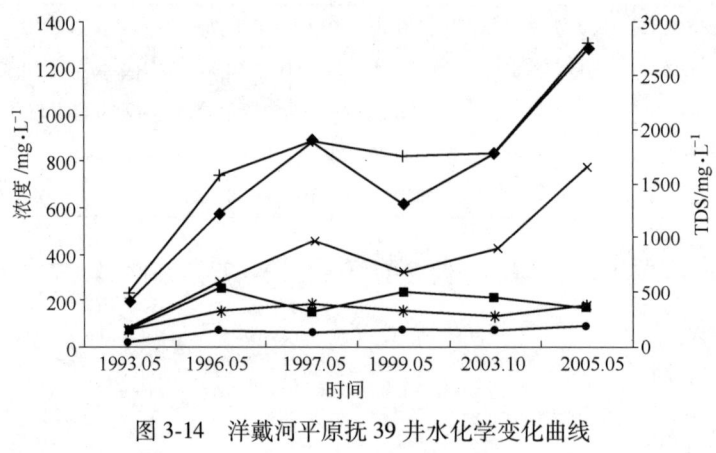

图3-14 洋戴河平原抚39井水化学变化曲线

$Cl^-$；$SO_4^{2-}$；$Na^+$；$Ca^{2+}$；$Mg^{2+}$；TDS

## 3.2.2 物探调查

### 3.2.2.1 电阻率法监测海咸水入侵的理论依据

利用电阻率法监测咸淡水界面的运移是海水入侵研究中的一种重要方法。地层电阻率与地层岩性、内部结构及其含水量、含盐量有关，其关系可用阿尔奇公式表示：$\rho_s = a\Phi^m S^{-N} A_c C^{-1}$，式中，$a$为一系数常量。在滨海平原区测深点附近，

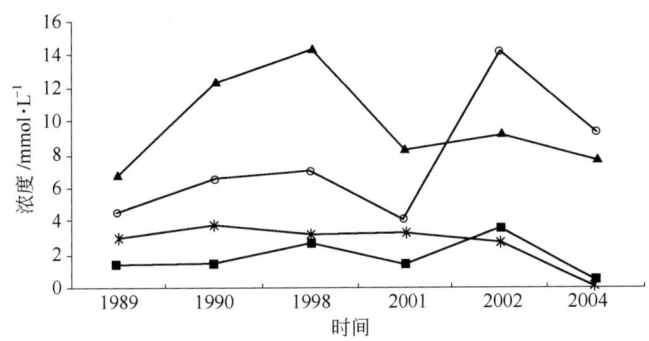

图 3-15 洋戴河平原抚 5 井水化学变化曲线

▲—Cl⁻; ■—$SO_4^{2-}$; ○—$Na^+$; ✳—$Ca^{2+}$

地层岩性比较均匀，其孔隙度基本相同，化学成分基本稳定时，地下水的矿化度 $C$ 就成为影响地层电阻率的决定因素。在洋戴河平原，$\rho_s$ 与地下水矿化度 $C$ 间具有如下相关关系：$\ln\rho_s = 2.73 - 0.967\ln C$，二者呈负相关，因此，根据同一地区不同时期探测的地层电阻率的对比，可恢复地下水的含盐量，地层电阻率与地下水矿化度有明显的负相关关系。当第四系含水层为淡水时，地层电阻率的变化主要受地层岩性、沉积结构、矿物成分等因素控制，地层电阻率的变化反映了第四系地层的沉积规律，当粗粒沉积物相对富集时，常表现为相对高电性的地电特征。在海水入侵区，随着入侵时间的增长，Cl⁻相对富集，当 Cl⁻含量达到一定程度时即成为影响地层电阻率的主要因素，此时地层电阻率的高低客观地反映了地下水 Cl⁻含量的高低。

为了判断地下水 Cl⁻与地层电阻率的关系，根据地层电阻率与地下水矿化度的相关关系，进一步分析了地下水矿化度与 Cl⁻的相关关系，相关分析结果证明两者存在明显的正相关性，建立的相关方程为：

$$M = 241.5 + 3.84 c_{Cl^-}$$

由此可见，地层电阻率与地下水 Cl⁻含量具有相关关系。

### 3.2.2.2 电阻率特征指标

根据岩层电阻率与地下水矿化度、地下水 Cl⁻含量的关系，基本确定洋戴河平原区电阻率 $\rho_s = 30\Omega \cdot m$，可作为判断咸淡水界面的一个特征值（见表 3-8）。

表 3-8 滨海平原不同入侵区 $\rho_s$ 值变化范围

| 项　目 | 严重入侵区 | 轻度入侵区 | 淡水区 |
| --- | --- | --- | --- |
| Cl⁻浓度/mg·L⁻¹ | >1000 | 250~1000 | <250 |
| $\rho_s$/Ω·m | 3~15 | 15~30 | 30~50 |

### 3.2.2.3 电阻率法海水入侵监测结果

书中海水入侵调查共布设物探监测剖面 10 个，其位置如图 3-7 和图 3-16 所示。

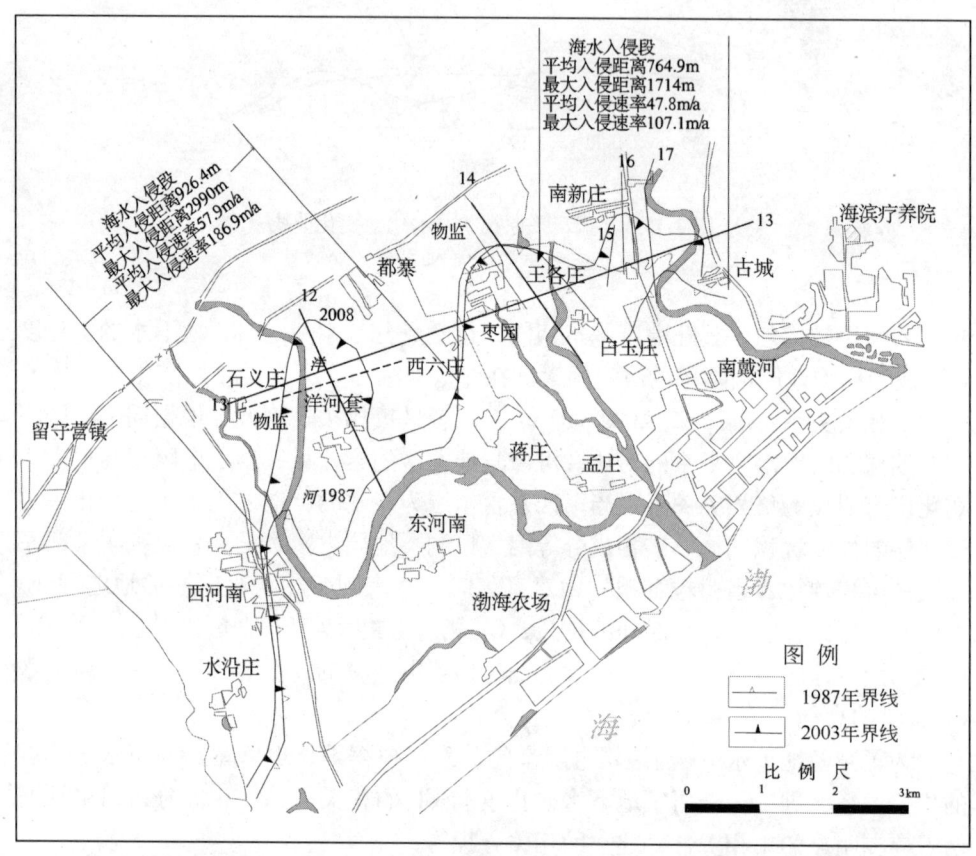

图 3-16 枣园地区物探推断咸淡水分界及海水入侵范围对比

#### A 平面异常特征

相同水文地质条件下，咸水含水组与淡水含水组存在明显的电性差异，反映到电测深平面图上异常特征为：咸淡水界面附近 $\rho_s$ 等值线为极其醒目的梯级带，等值线呈密集平行排列，两侧存在明显的电性差异，一般情况下，$\rho_s$ 值相差 4~5 倍，且在短距内由淡水区相对高阻值递减到咸水区低阻值，淡水含水岩组电阻率一般大于 $40\Omega \cdot m$，咸水区电阻率小于 $10\Omega \cdot m$，$\rho_s$ 等值线的总体走向大致与海岸线平行，局部存在向陆地弯曲的特征。根据电阻率监测结果，确定该区咸淡水平面分界如图 3-17 和图 3-18 所示。

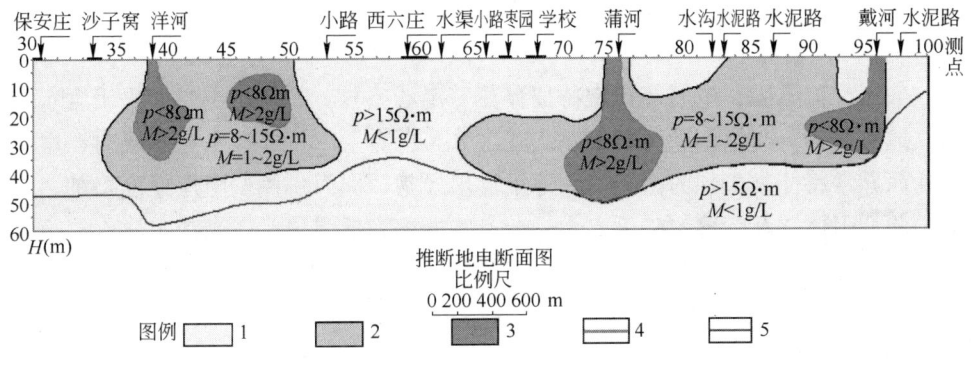

图 3-17 13 监测剖面咸淡水分布

1—物探推断 $M<1g/L$ 分布区；2—物探推断 $M=1\sim2g/L$ 分布区；3—物探推断 $M>2g/L$ 分布区；

4—推断矿化度分区界线；5—推断基岩埋深界线

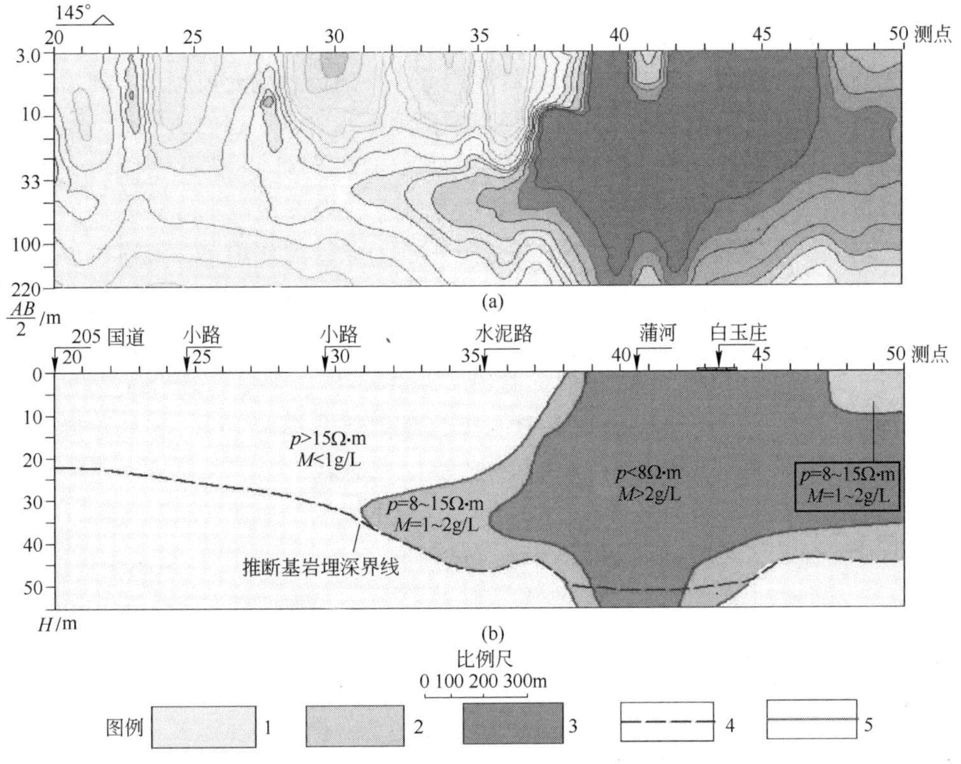

图 3-18 14 监测剖面咸淡水分布

（a） $\rho_s$ 等值线断面图；（b）推断地电断面图

1—物探推断 $M<1g/L$ 分区图；2—物探推断 $M=1\sim2g/L$ 分区图；3—物探推断 $M>2g/L$ 分区图；

4—物探推断基岩破碎带；5—矿化度分区界线

B 垂向断面异常特征

剖面位置不同，电阻率异常特征存在一定的差异，其变化主要取决于含水层水文地质结构，当第四系地层较厚，咸水分布区有上、下层淡水含水层时，电测深断面异常特征常表现为由海向陆地呈梯形异常，向海一侧低阻层厚度增加，向陆一侧低阻体逐渐变薄、尖灭，为一渐变的电测深低阻异常。当咸水含水层直接出露地表时，异常特征常为：$\rho_s$ 等值线为密集平行排列的梯级带，且大致垂直地表，两侧 $\rho_s$ 值变化较大，由淡水区的 $\rho_s$ 大于 $40\Omega\cdot m$，急剧降低到小于 $10\Omega\cdot m$，两侧电性差异明显。图 3-17 和图 3-18 所示是物探 13 和 14 监测剖面的咸淡水垂向界限分布图。

C 电测深法监测不同时段咸淡水界面运移规律

剖面位于洋河套村北 1km 处，方向呈东西向。地下水水化学特征：洋河为区内海水沿河上溯最远的河道，海水在潮汐的作用下，可上溯至监测剖面附近，遇天文大潮时可上溯到该监测剖面以北处。因此，河道内长期充填海水、河水混合水体，河水为高矿化度咸水，并补给河道两侧地下水含水层，使两侧地下水含盐量增高。监测剖面长 1.4km。剖面所在区为水稻田分布区，机井密度大，每年 4~6 月份稻田灌溉抽取地下水，大量集中开采造成地下水位下降，下降值可达 3~5m，形成局部降落漏斗区。在上述地下水动力条件的作用下，河道内混合咸水侧向补给地下水，地下水矿化度也随之升高。

监测结果显示（见图 3-19），同时间段地下水电性变化较小，在监测期间的 2002 年、2003 年、2004 年 3 年的 3 月份（见图 3-19（a））、6 月份（见图 3-19（b））和 12 月份（见图 3-19（c））各时间段的监测结果基本一致，移动距离小于 100m，表明同时间段咸淡水界面基本处于稳定状态。3 月、11 月份在对应洋河位置形成两个孤立的低阻异常区，6 月份为连续的低阻异常区。由此推断，每年的 6 月份是监测区域内咸水分布面积最大的时段。

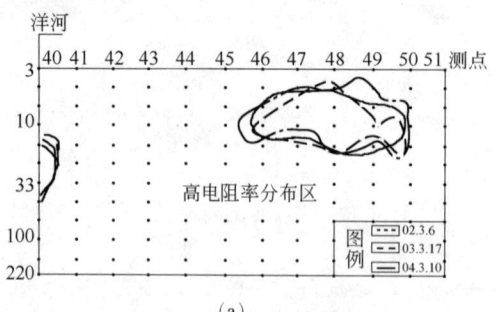

(a)

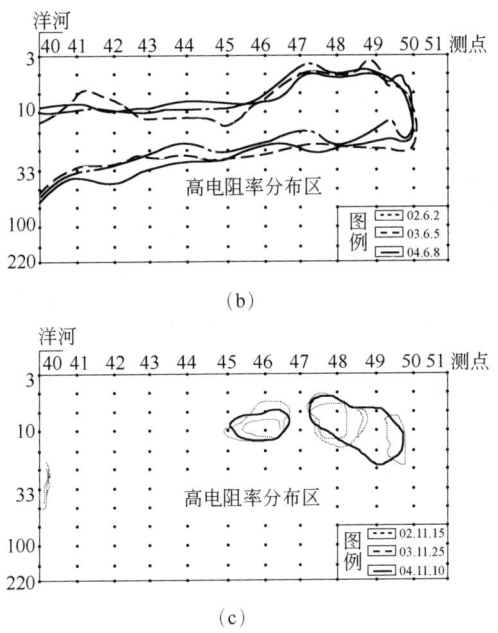

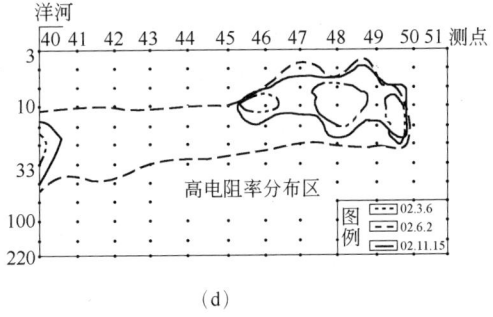

图 3-19 洋河套剖面监测结果对比

(a) 多年 3 月份监测对比；(b) 多年 6 月份监测对比；

(c) 多年 11 月份监测对比；(d) 2002 年监测对比

　　根据监测结果分析，洋河套村北咸淡水界面的移动，主要受地下水开采量控制，每年的 6 月份是海（咸）水入侵距离最大的时段，入侵距离 300~400m，7月份以后随着雨季的到来及农业用水量的减少，咸（淡）水界面又向咸水区一侧移动，这是洋河套北部的咸水运移规律。

## 3.3　海水入侵监测结果分析

　　根据秦皇岛海水入侵项目实施过程中的监测数据和以往工作成果，确定了洋戴河平原区海水入侵的范围，对比分析了不同地层岩性、不同地下水开发利用条件下各区域的海水入侵的动态变化。

### 3.3.1 洋戴河平原区海水入侵的形态特征

#### 3.3.1.1 水平分带

受水文地质条件、开采中心位置、入侵通道和入侵方式的影响，洋戴河平原不同区域入侵过渡带（也称海水入侵体）在形态上各有差异，在洋河及其支流浦河、洋河古河道处强烈向陆一侧突起。按各年枯水期 250 mg/L 氯离子等值线为标准，此次调查的海水入侵体形态（见图 3-20）大致呈以洋河和浦河为中心的双驼峰形。对比 1986 年、1992 年、2000~2004 年资料，平原东部地区入侵体形态变化不大，1986~2005 年均为双峰状，不同之处在于入侵体位置向西向北发展。垂直海岸方向，洋河驼峰向陆由都寨以南扩大到都寨以北；白玉庄驼峰向陆入侵到王各庄以北。平行海岸的东西方向，1986 年入侵体（见图 3-21）高驼峰中心在王各庄-枣园-蒋营一带，低驼峰中心在南戴河西侧附近；1992 年入侵体形态（见图 3-22）高峰中心移至都寨-东河南一带；多年资料对比显示，海水入侵体向西北移动明显。西部漏斗区海水入侵的咸淡水界面应在侵 5-2、$F_1$、$F_3$ 和 $F_4$一线，与海岸线近于平行，由于没有更早期的资料，无法进行西部区海水入侵体形态的变化对比。

从垂直海岸方向的物探 14 剖面（剖面位置见图 3-16）的监测结果看（见图 3-18），东部海水入侵体在垂向上的形态基本上呈较宽厚的舌状，上淡下咸。

#### 3.3.1.2 海水入侵体的界面特征

在洋戴河平原海水入侵较为突出的地段——洋河和浦河区，物探 14 剖面反映的海水入侵体的咸淡水界面呈楔形，咸淡水之间（界面附近）$Cl^-$ 浓度、矿化度变化相对较快，界面相对清晰陡峻，从 3-16 剖面位置分析，反映的咸淡水界面实际为浦河河道处咸淡水体之间的空间关系。

在地下水开采量大、开采集中的留守营漏斗区，由于未布设物探剖面，不能反映出咸淡水界面的特征。但从东区侵 8-6（深）、侵 8-7（浅）和西区井 $F_{4-1}$（浅）、$F_{4-2}$（深）两组井的取样结果分析，深井 $Cl^-$ 浓度要高于浅部，推断西区海水入侵体的形状应为向陆倾斜的楔形。

### 3.3.2 海水入侵体动态特征

根据监测结果，目前洋戴河区海水入侵动态可划分为两个特征区，即东侧洋河-浦河-戴河区和西侧留守营-樊各庄漏斗影响区。2000 年后，东侧洋戴河区海水入侵面积年际变化不大。期间，2000 年入侵面积最大。这主要受降雨量影响，

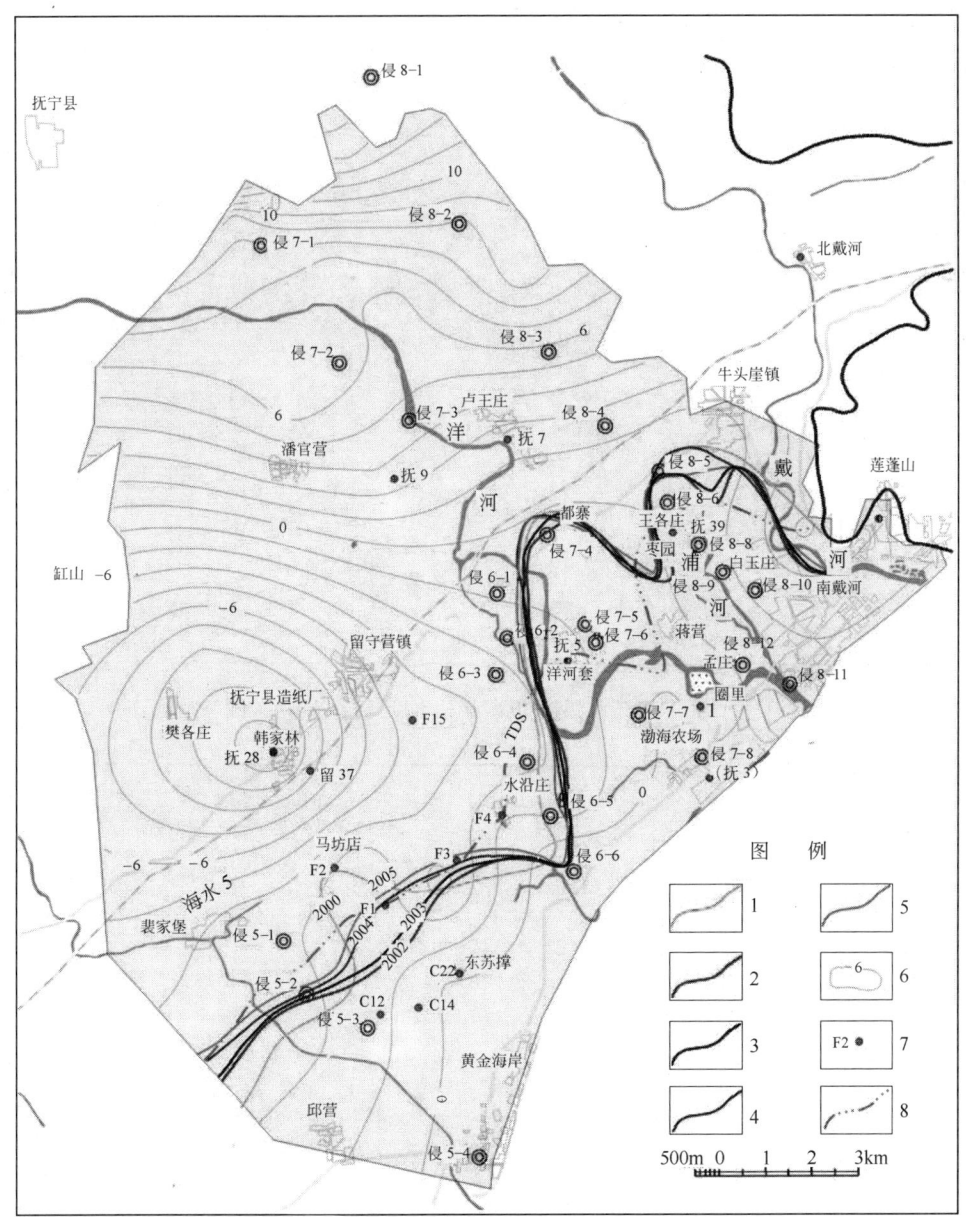

图 3-20 2000~2005 各年度海水入侵范围图

1—2000 年；2—2002 年；3—2003 年；4—2004 年；5—2005 年；6—2002 年水位等值线；

7—简分析样点；8—2002 年 1000mg/L TDS 等值线（250mg/L 氯离子等值线）

1999 年大旱，地下水开采量增大，特别是沿河流如洋河、白玉庄河附近大量开采地下水所致。

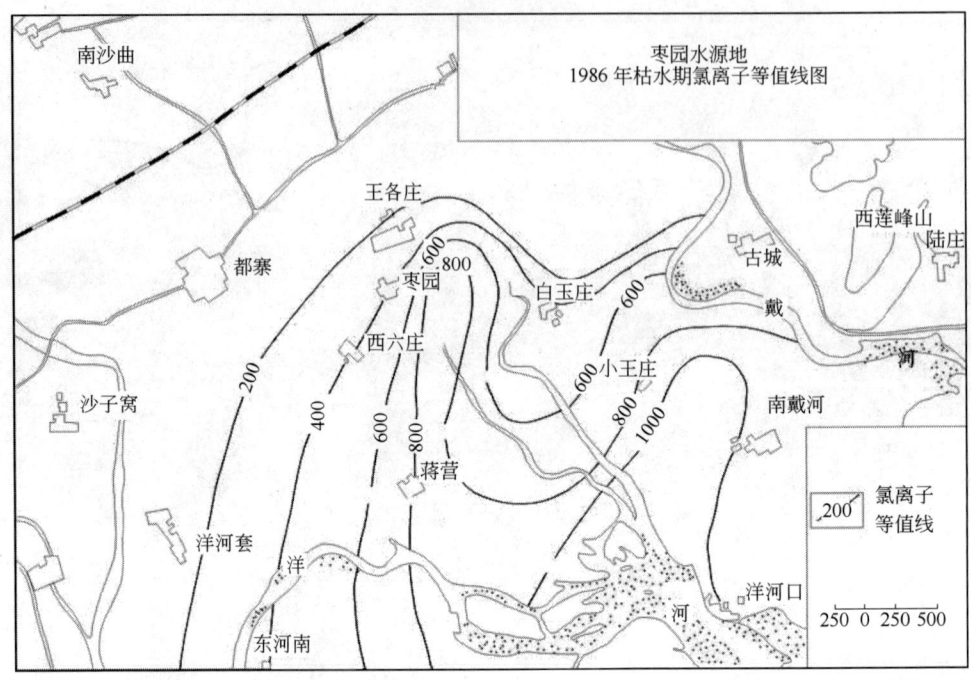

图 3-21 枣园水源地 1986 年枯水期氯离子等值线图

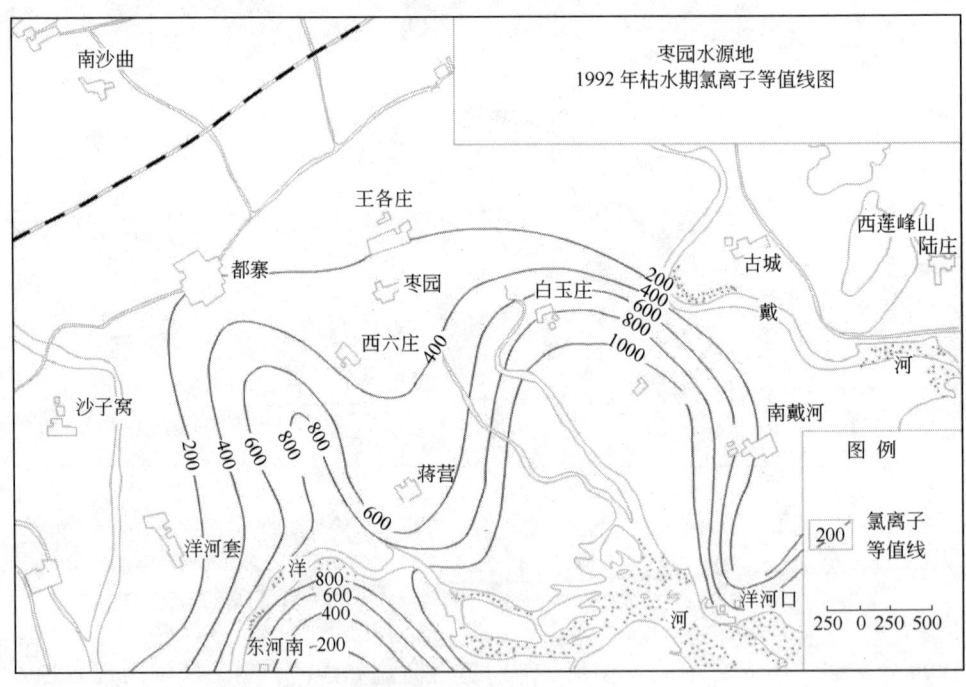

图 3-22 枣园水源地 1992 年枯水期氯离子等值线图

2000 年后，侵 7 剖面海水入侵区前锋面上各监测点的 Cl⁻ 浓度呈逐年增大的趋势，而侵 8 剖面前锋面上监测点 Cl⁻ 浓度呈逐年下降的趋势。表明在侵 8 剖面一线海水入侵动态没有扩大，侵 8 剖面近海各监测点（多年入侵区）Cl⁻ 浓度只随各年内地下水位的季节性变化而变化，而侵 7 剖面则处于海水入侵的发展阶段。侵 6 剖面（见图 3-12）中间部位的侵 6-3 井 Cl⁻ 浓度明显高于近海的侵 6-4 井，从侵 6-3 井所在的水文地质剖面——海 10 的地层结构可以看出，侵 6-3 井与位于其东部的侵 7-5、侵 8-8 处于同一含水层，整个含水层的连通性较好。因此，近年来，在西部留守营降落漏斗和北迁的水源地的共同作用下，沿河侵入的海水及原残存的海咸水，在水力梯度的作用下，顺连通性和导水性较好的含水层向西移动，东部海水入侵区也从原来以枣园地区为中心逐步转移到以洋河套为中心，呈现出整体西移的趋势，西移平均速率约为 260m/a。

2000 年以后的水质监测成果显示，西侧除在东苏撑子至马坊店一带，界面变化幅度较大，可达到 1000m/a，在其他地段界面变化幅度并不大。对比 1987 年和 2003 年物探勘查成果（图 3-16）得到长期动态变化趋势，东部河流发育区入侵面积分别为 32.01km²、37.2km²；17 年来，戴河段最大入侵距离 1714m，最大入侵速率为 107.1m/a，平均入侵速率 47.8m/a；洋河段最大入侵距离 2990m，最大入侵速率为 186.9m/a，平均入侵速率 57.9m/a。洋河段的变化幅度明显大于戴河段。

总之，东部洋戴河区在早期开采阶段海水入侵发展速率较快，枣园水源地停止开采后，海水入侵的范围和规模变化不大。2000~2004 年，整个洋戴河区海水入侵面积分别为 52.30km²、44.01km²、47.85km²、52.19km²、52.64km²，呈缓慢增长的趋势。在西部开采漏斗的影响下，入侵区开始整体向西移动。

### 3.3.3 海水入侵的通道和方式

海水入侵通道的监测方法主要有垂向电测深法，同时配合水化学监测。在 $\rho_s$ 平面分布图上，在现代河道处，反映咸水分布区的低电性层向陆一侧延伸较远，形成沿河延伸的明显低阻区。在 $\rho_s$ 断面图上（见图 3-17），38~40 号点为洋河河床位置、75~76 点为蒲河、95~97 为戴河，对应河床处 $\rho_s$ 断面图均出现明显的低阻异常，低阻区由河床向两侧延伸，基本上呈椭圆状。由此推断现代河床是浅层海水入侵的重要途径。洋戴河平原区内戴河、浦河、洋河诸河流均为海水入侵的优势通道。

海水入侵调查成果表明，该区海水入侵通道主要分以下几种类型：

（1）面状入侵通道：洋戴河平原区西部的主要入侵通道。海水沿第四系砂层呈面状入侵，入侵界线总体与海岸线平行，受含水介质渗透性不均性的影响，入侵速率不等。在透水性和导水性较好的局部地段，如东苏撑子-马坊店一线，入侵速率较快，$\rho_s$ 等值线图向陆一侧凸出。

（2）带状入侵通道：洋戴河平原区东部洋河、戴河区海水入侵的主要通道，潮水沿河上溯是造成该区水质变咸的主要入侵方式。由于洋河上游水库蓄水，入海地表径流及河流入海水量大大减少，滨海地区地下水位及河流水位大幅下降，从而导致海水入侵现象的发生。特别是近来河水长时间断流，对海水的顶托作用消失，致使海水沿现代河谷上溯，当遇到大的风暴潮等时，海水顺河上溯最大可达 10km 以上。入侵海水同时向两岸侧渗，形成具有一定宽度的海水入侵带，并逐渐扩散为面状入侵。第 4 章海水入侵模拟结果也证明，沿河上溯的海水对这一地区海水入侵起到了重要影响。

洋戴河平原区海水入侵方式可分为以下几类：

（1）通过含水层的面状入侵：指滨海地区淡水水位下降后，地下水与海水之间的补排关系发生逆转，海水向陆方向运移扩展，使地下淡水咸化，海水与淡水间存在着一个过渡带。西部漏斗区为这种入侵方式。

（2）潮流入侵：指在潮汐作用下海水沿滨海河谷上溯，并从河流两侧侧向补给地下水，使地下淡水咸化。带状入侵影响的范围最大、速率最快。在平原东部这种海水入侵方式表现强烈。

（3）季节性海水入侵：在东部强渗透介质区，季节性的水位变化，也是该区海水入侵的一种方式。

### 3.3.4　海水入侵的水动力特点

在洋戴河平原，以樊各庄、留守营为中心的西部地区地下开采漏斗形成已达 15 年。漏斗北起四照各庄-枣园村北，南至渤海岸的全部地区，原东部独立的枣园地下水降落漏斗，已成为留守营漏斗的边缘地带。按海水入侵的基本原理，目前海水入侵前锋已达漏斗并越过了漏斗下游分水线的位置，入侵海水在反向渗流和弥散的共同作用下，应正处于海水入侵的快速发展阶段，但西侧除在东苏撑子至马坊店局部地带界面变化幅度较大外，在其他地段，虽受留守营-樊各庄降落漏斗的长期影响，但界面变化幅度并不大。从该区水文地质剖面推断（见图 2-6 和图 2-7），由于其沿海部分地层海相黏性土层发育，向陆的砂相地层在向陆延伸过程中尖灭，入侵海水不能顺含水层向陆快速推移，这是西部降落漏斗发育海水入侵发展速率并不明显的一个主要因素。

在平原东部洋河-浦河-戴河区，海潮沿河上溯入侵该区是东部地区海水入侵的主要动力之一。同时季节性的水位升降也为该区海水入侵提供了动力条件。枣园水源地逐渐减采后，虽无大强度地集中开采，但每年的春灌时期农业用水量还是较大。由于区地势低平，季节性开采使水位下降，形成季节性的地下水位负值区，从而导致海水入侵。地下水位负值区面积随季节性开采作周期性变化，海水入侵现象也表现为季节性的周期变化。

### 3.3.5 洋戴河平原区海水入侵的水化学特点

海水入侵区的地下水的基本化学特征是海水与地下水（环境背景值）共同作用的结果。从入侵区地下水组分的变化分析，海水与地下淡水之间不仅只是简单的混合作用，同时还存在着离子间的交换，阳离子的交换反映实际上是一个吸附-解吸的过程（左文喆，2013）。

根据秦皇岛水文地质队标准海水与地下淡水混合试验结果分析（见表3-9），$Cl^-$含量与海水混入量呈极好的线性相关，表明$Cl^-$不受其他诸如吸附、溶沉作用的影响，可以利用$Cl^-$浓度随混合比变化的相关性建立混合模型，计算入侵区地下水与海水的混合比例。

表 3-9 各组分与混合比的相关分析

| 相关组合 | 相关方程 | 相关系数 |
|---|---|---|
| $K^++Na^+$与混合比 | $Y=154.63+95.07x$ | $R=0.9992$ |
| $Ca^{2+}$与混合比 | $Y=18.17+3.34x$ | $R=0.9979$ |
| $Mg^{2+}$与混合比 | $Y=5.98+11.63x$ | $R=0.9994$ |
| $Cl^-$与混合比 | $Y=82.32+170.61x$ | $R=0.9995$ |
| $SO_4^{2-}$与混合比 | $Y=-0.625+23.94x$ | $R=0.9947$ |
| 矿化度与混合比 | $Y=393.22+306.23x$ | $R=0.9991$ |

注：取混合水为100，$x$为海水所占份数。

据薛禹群、吴吉春（1992、1994、1996年）等在山东莱州海水入侵水化学特征的研究，对洋戴河平原海水入侵区内8个监测井中离子的水化学成分进行了分析，以$Cl^-$浓度计算其混合比（左文喆，2012），用混合比计算其他离子的含量，并与实测浓度相比。监测和计算结果对比见表3-10。

表 3-10 洋戴河海水入侵区监测井中各组分混合计算

| 井号 | 取样时间 | 项目 | $C_测$ /mg·L$^{-1}$ | $C_计$ /mg·L$^{-1}$ | $C_测-C_计$ /mg·L$^{-1}$ | $r(C_测-C_计)$ /mmd·L$^{-1}$ | 水化学类型 |
|---|---|---|---|---|---|---|---|
| 侵7-4 | 2003.06 | $K^++Na^+$ | 98 | 274 | -176 | -7.65 | L.H-C.N |
| | | $Ca^{2+}$ | 166.28 | 22.37 | 143.91 | 3.60 | |
| | | $Mg^{2+}$ | 23.85 | 20.63 | 3.22 | 0.13 | |

| 井号 | 取样时间 | 项目 | $C_{测}$ /mg·L$^{-1}$ | $C_{计}$ /mg·L$^{-1}$ | $C_{测}-C_{计}$ /mg·L$^{-1}$ | $r(C_{测}-C_{计})$ /mmd·L$^{-1}$ | 水化学类型 |
|---|---|---|---|---|---|---|---|
| 侵7-5 | 2003.06 | K$^+$+Na$^+$ | 112 | 256.41 | −144.41 | −6.28 | L-N. C |
| | | Ca$^{2+}$ | 86.66 | 21.75 | 64.91 | 1.62 | |
| | | Mg$^{2+}$ | 31.65 | 18.43 | 13.22 | 0.55 | |
| 侵7-6 | 2003.06 | K$^+$+Na$^+$ | 174 | 261.10 | −87 | −3.78 | L-N |
| | | Ca$^{2+}$ | 34.57 | 21.91 | 12.66 | 0.32 | |
| | | Mg$^{2+}$ | 26.37 | 19.00 | 7.37 | 0.31 | |
| 侵8-5 | 2002.12 | K$^+$+Na$^+$ | 105 | 233.95 | −128.95 | −5.61 | L-N. C |
| | | Ca$^{2+}$ | 79.54 | 20.95 | 58.59 | 1.46 | |
| | | Mg$^{2+}$ | 22.67 | 15.67 | 7 | 0.29 | |
| 侵8-7 | 2002.12 | K$^+$+Na$^+$ | 85 | 231.73 | −146.73 | −6.38 | L- C. N |
| | | Ca$^{2+}$ | 93.19 | 20.88 | 72.31 | 1.81 | |
| | | Mg$^{2+}$ | 26.99 | 15.4 | 11.59 | 0.48 | |
| 侵8-8 | 2002.12 | K$^+$+Na$^+$ | 1109.13 | 1166.75 | −57.62 | −2.53 | L. N |
| | | Ca$^{2+}$ | 135.33 | 53.74 | 81.59 | 2.03 | |
| | | Mg$^{2+}$ | 102.93 | 129.83 | −26.9 | −1.12 | |
| 抚5 | 2004.05 | K$^+$+Na$^+$ | 210 | 263.25 | −53.25 | −2.32 | L. N |
| | | Ca$^{2+}$ | 55.82 | 21.98 | 33.84 | 0.85 | |
| | | Mg$^{2+}$ | 7.41 | 19.27 | −11.86 | −0.49 | |
| F$_2$ | 2002.05 | K$^+$+Na$^+$ | 50.8 | 176.57 | −125.77 | −5.47 | L. H-CN |
| | | Ca$^{2+}$ | 96.4 | 18.94 | 77.46 | 1.94 | |
| | | Mg$^{2+}$ | 17.42 | 8.7 | 8.72 | 0.36 | |
| 1 | 2002.05 | K$^+$+Na$^+$ | 500 | 460.37 | −39.63 | −1.72 | L. N |
| | | Ca$^{2+}$ | 17 | 28.9 | −11.9 | −0.30 | |
| | | Mg$^{2+}$ | 22.7 | 43.38 | −20.68 | −0.86 | |

表3-10所示对比结果显示，在海水入侵区所有监测点的 Na$^+$ 的实测值均低于计算值，Ca$^{2+}$ 的实测值均高于计算值，说明该区海水入侵过程中确实存在着 Na$^+$-Ca$^{2+}$ 间的离子交换，并以 Na$^+$-Ca$^{2+}$ 之间的交换为主。在海水入侵的前锋近陆一侧，如侵7-4、侵7-5、侵7-6、侵8-5，Mg$^{2+}$ 的实测值与计算值相差不大且基本都

高于实测值，而在距海较近的长期入侵区内，如抚5、抚1号井及侵8-8号井的 $Mg^{2+}$ 的实测值均小于计算值，说明在海水入侵的最初阶段，$Mg^{2+}$-$Ca^{2+}$ 之间的交换几乎不存在，在近海的长期入侵区，则存在着二者之间的离子交换。过渡带内离海岸越近的部位，水-岩间阳离子交换反应进行得越彻底。

## 3.4 海水入侵的分类、规律及成因分析

### 3.4.1 海水入侵分类

通过调查结果，将洋戴河区海水入侵划分为两个区：一是东部顺河道及古河道发育的海水入侵区；二是西部受降落漏斗影响发育的海水入侵区。当前开采条件下，洋戴河平原区按海水入侵方式可划分为三类：

（1）西部为在漏斗作用下顺含水层侵入的面状海水入侵。

（2）东部为沿河道古河道的潮流入侵。

（3）东部地区由于农灌开采形成季节性海水入侵。

### 3.4.2 海水入侵的规律

洋戴河平原海水入侵有如下规律：

（1）海水入侵范围的分布与平原区的开采历史密切相关的。

由于早期地下水的开采，1986年东部枣园地区海水入侵面积达 $21.8km^2$，此时海水入侵主要受地下水开采的影响，$Cl^-$ 等值线主要沿开采中心分布且较为密集。2000年集中开采停止后，靠陆一侧 $Cl^-$ 等值线分布虽较开采时稀疏，但海水入侵仍保持了原有分布状态。可见即使枣园水源地停止开采，原来开采造成的影响也不会很快消失，入侵的海水也不会在短期内消退，它对环境造成的影响持续长久，现状海水入侵是在原入侵基础与目前水动力条件下形成的海水入侵的叠加。

从2002年和2004年洋戴河区 $Cl^-$ 等值线分布（见图3-23和图3-24）看，沿海近岸地区等值线分布密集，为海水沿含水层面状入侵所致，近岸带东部较西地区更密集，但东部海水入侵范围却向内陆延伸更远，且在陆内有孤立的海水入侵区。孤立岛状海水入侵区并非面状入侵所致，推断是这一地区早期开采形成的残留海水以及沿河道入侵海潮水的侧向渗漏所致。

（2）河流对东部地区海水入侵分布起到控制作用。

为了解东部地区地下水水质的动态变化规律，在石义庄、枣园、王各庄一线"横切"洋河，布设一条东西向的物探监测剖面（剖面位置见图3-16），图3-19所示是洋河套物探监测剖面的监测结果，40和48号监测点为洋河河道位置，浓度高值区主要沿河道分布，每年6月份海咸水沿河道周围分布最广，3月份次之，

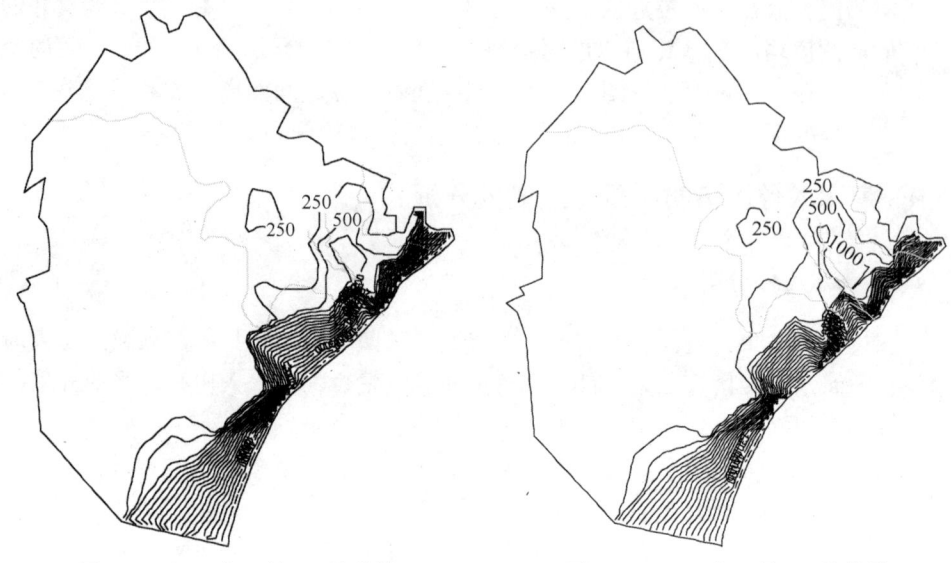

图 3-23　2002 年 5 月 Cl⁻ 等值线　　　图 3-24　2004 年 5 月 Cl⁻ 等值线

11 月份分布范围最小，年际间咸水分布范围变化不大。由此可以认为，洋戴河平原东区的海水入侵主要受河流的控制，河道周围地下水 Cl⁻ 浓度主要受河流影响。沿河道入侵及潮汐作用下沿河上溯的海水是洋戴河平原区海水入侵的主要物源。第 4 章数值模拟结果表明，潮水沿河一次短时间的上溯，对河流周围的地下水浓度场产生明显的影响。

（3）季节性的水位变化对洋戴河平原，尤其是对东部地区的海水入侵也产生一定影响。为分析海水入侵与地下水位的关系，对这一地区的侵 7-8（抚 3）井氯离子浓度随地下水位变化情况，以及洋戴河海水入侵区 20 个监测点氯离子浓度总和随季节的变化情况进行了分析，结果如图 3-25 和图 3-26 所示。从图 3-25 和图 3-26 可以看出，每年 5~9 月 Cl⁻ 浓度较大，当年 12 月至次年 3 月氯离子浓

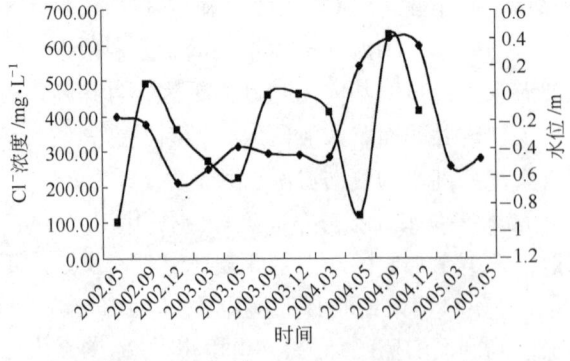

图 3-25　侵 7-8 井 Cl⁻ 浓度与水位对照图
→ 侵7-8 Cl⁻浓度 ■ 水位

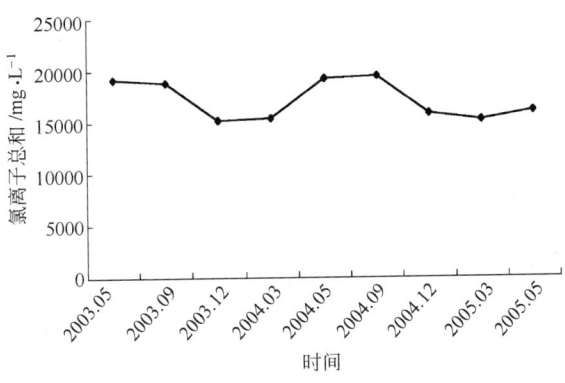

图 3-26 入侵区 Cl⁻浓度总和随季节变化曲线

度和较小。说明该区地下水水质主要受年内水位变化的影响，每年春季农灌期，地下水位下降，7~9 月雨季来临，水位上升，季节性的水位升降为海水入侵提供了动力，海水开始向陆地侵入，但水质的变化相对于水位的变化，存在一定的滞后期。

（4）海水入侵分布与地下水位负值区的关系密切。根据已有海水入侵面积的监测数据，及利用插值计算生成地下水位等值线图而量测的地下水位负值区数据，对二者进行回归分析，发现海水入侵面积与地下水水位负值区面积具有较好的线性相关，相关系数达 0.9887（见图 3-27）。

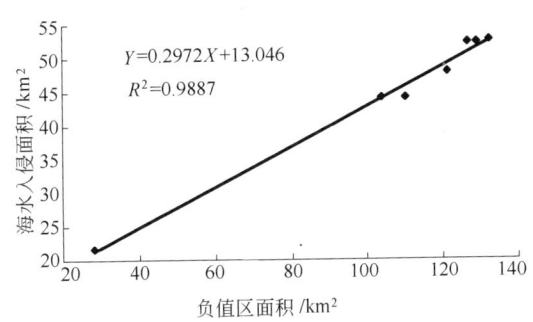

图 3-27 海水入侵面积与地下水位负值区面积的相关关系曲线

海水入侵面积与地下水水位负值区面积间较好的相关性表明，洋戴河平原区海水入侵的成因主要是地下水开采。海水入侵面积与地下水位负值区面积间虽有较好的相关性，但入侵面积的分布并不与负值区分布完全吻合。西部漏斗区位于冲洪积扇前缘，地层岩性中透水性差的黏性土、亚黏土层发育，层次多，而以砂砾为主的含水层交互夹在黏性土层中间，层次少。因此，海水沿垂直海岸的方向向漏斗入侵受阻后，进而沿洋河一线的优势通道向内侵入，在西部漏斗作用下，又向西整体移动。据洋戴河平原 2000~2005 年 250mg/L Cl⁻ 浓度等值线对比图（见图 3-20）和东区洋河-浦河-戴河区 1987 年和 2003 年物探勘查成果对比图（见图 3-16），及第 4 章数值模拟结果，均表明东部内陆部分的海水入侵体沿连通性较好的水文地质剖面——海 10 一线整体西移，并在渗透性较差的水沿庄一带形成海水入侵的夹角，该地段海水入侵范围多年无大变化，这也是形成侵 6-3 号监测井 Cl⁻ 浓度高于侵 6-4 的原因。

（5）现开采条件下洋戴河平原区海水入侵总体呈加剧的变化趋势。

从图 3-28 所示洋戴河平原区的四条监测剖面 2002~2005 年 Cl⁻ 浓度变化发现，位于东部洋河-浦河-戴河区的侵 7 和侵 8 号剖面 Cl⁻ 浓度无明显的逐年递增的趋势，而位于西部受樊各庄-留守营降落漏斗影响的侵 5 和侵 6 两剖面海水入侵区的 Cl⁻ 浓度则呈逐年增加的趋势。所以，西部尽管黏性土层发育，海水入侵不如东部明显，但从西部仅有的侵 5、侵 6 两条监测剖面看，长期存在的降落漏斗对这一地区沿岸的海水入侵还是产生了影响，入侵海水缓慢向陆地推进。

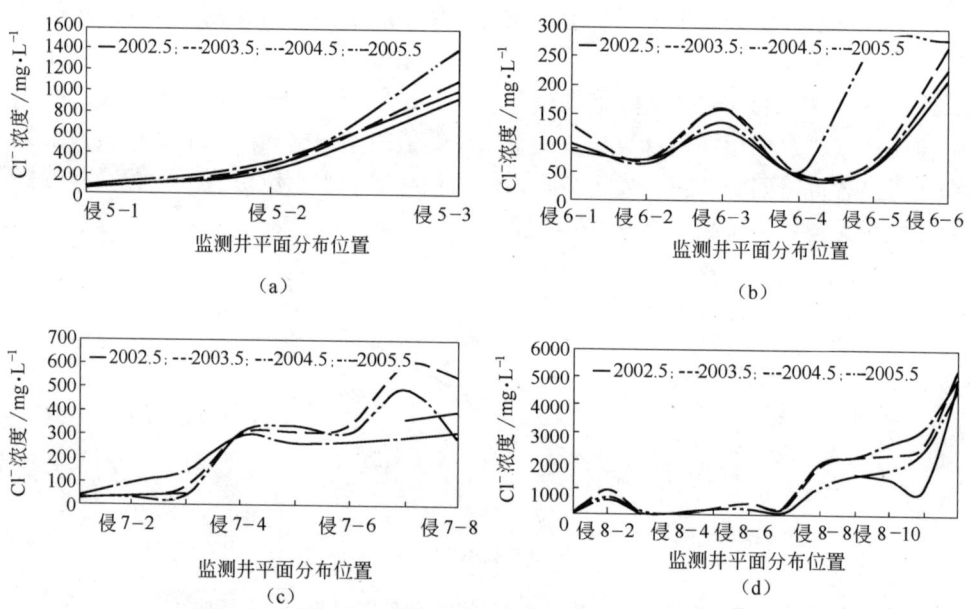

图 3-28 海水入侵四条监测剖面 2002~2005 年间 Cl⁻ 浓度对比图

（a）海水入侵 5 号监测剖面 Cl⁻ 浓度变化曲线；（b）海水入侵 6 号监测剖面 Cl⁻ 浓度变化曲线；
（c）海水入侵 7 号监测剖面 Cl⁻ 浓度变化曲线；（d）海水入侵 8 号监测剖面 Cl⁻ 浓度变化曲线

（6）海水入侵面积与开采量、降雨量均存在密切关系，开采是更主要的因素。为查清洋戴河平原不同时期海水入侵的主要影响因素，分别对枣园开采阶段和近年开采阶段的海水入侵面积与开采量、降雨量间的关联度进行了分析对比。关联度分析实质是不同动态过程发展态势相似性的量化分析。

将海水入侵面积作为母序列：$\{x_0(i)\}$，$i=1,2,\cdots N$；开采量与降雨量作为两个子序列：$\{x_1(i)\}$，$i=1,2,\cdots N$；$\{x_2(i)\}$，$i=1,2,\cdots N$；不同开采阶段的海水入侵面积和开采量、降雨量分见表 3-11 和表 3-12。

表 3-11　枣园开采阶段海水入侵面积、开采量、降雨量一览表

| 年　份 | 入侵面积/km² | 开采量/10⁴m³ | 降雨量/mm |
|---|---|---|---|
| 1985 | 20 | 1698 | 829.1 |
| 1986 | 21.8 | 1256 | 780.3 |
| 1987 | 23 | 1303 | 831.3 |
| 1988 | 24.5 | 985 | 617.8 |
| 1989 | 19.5 | 1286 | 468.8 |
| 1990 | 18.7 | 1025 | 677 |
| 1991 | 17.5 | 1140 | 697.1 |
| 1992 | 16.8 | 938 | 429.7 |
| 1993 | 16 | 760 | 527.2 |

表 3-12　近期开采阶段海水入侵面积、开采量、降雨量一览表

| 年　份 | 入侵面积/km² | 开采量/10⁴m³ | 降雨量/mm |
|---|---|---|---|
| 1998 | 48.3 | 7119.5 | 936 |
| 1999 | 52.44 | 5226.64 | 430 |
| 2000 | 52.3 | 4600.87 | 512 |
| 2001 | 44.01 | 4800.49 | 514.4 |
| 2002 | 47.85 | 4608.82 | 403.6 |
| 2003 | 52.19 | 4600 | 700.7 |
| 2004 | 52.64 | 4500 | 629.9 |

将母序列和子序列进行标准化处理，令：$\overline{x_0}=(\sum_{i=1}^{N}x_0)/N$；$\overline{x_k}=(\sum_{i=1}^{N}x_k)/N$

标准化：$x_0(i)=x_0(i)/\overline{x_0}$；$x_k(i)=x_k(i)/\overline{x_k}$

子序列与母序列在 $t=l$ 时刻的距离：$\Delta_0 k=|x_0(l)-x_k(l)|$，$l=1,2,\cdots N$

母、子序列在 $t=l$ 时刻的关联系数表示为：$\xi_0 k(i)=\dfrac{\Delta_{\min}+\xi\Delta_{\max}}{\Delta_0 k(i)+\xi\Delta_{\max}}$

$\xi_0 k(i)$ 越接近于 1，母、子序列间的关联性越好。$\xi$ 为分辨系数，一般取 $\xi=0.5$；则子线与母线间的关联度为：$r_k=\dfrac{1}{N}\sum_{i=1}^{N}\xi_{0k}(i)$，当 $\xi=0.5$ 时，$r_k\geqslant 0.6$ 则认为母、子因素有关联性较好，$r_k\leqslant 0.6$ 则认为关联性不强。

经计算，枣园水源地开采形成的海水入侵为（$r_1$是开采量对海水入侵面积的关联度，$r_2$是降雨量对海水入侵面积的关联度）：枣园水源地开采形成的海水入侵区：$r_1 = 0.724$，$r_2 = 0.521$，$r_1 \leqslant r_2$；近期开采条件下的海水入侵区：$r_1 = 0.759$，$r_2 = 0.486$，$r_1 \leqslant r_2$。

计算结果表明，海水入侵面积与开采量的关系密切，随着西部开采漏斗的形成，开采越来越成为影响海水入侵发展的主导因素。

### 3.4.3 海水入侵成因

洋戴河平原区海水入侵灾害的成因是十分复杂的，除主要受当前开采量的影响外，还与降雨量、原开采条件下形成的海水入侵历史等其他因素有关。入侵区的分布既受现存开采中心控制，又受河口地区潮汐作用和季节性农业开采的影响。概括其影响因素，可分为自然因素和人为因素两种。

自然因素包括地质条件、气候因素和地理环境因素：

（1）水文地质条件是决定海水入侵程度的基础因素：洋戴河平原区沿海平原由冲洪积、冲积、海积地层组成，沉积层环境和沉积条件不同，造成第四系砂层的分布以及砂层粒度的不均匀性，因而该区透水性和导水性各有差异。洋河以东地区砂层颗粒粗，基岩风化层发育，且埋深浅，易发生海水入侵；洋河以西黏性土层发育，含水砂层连通性差，低渗透性的含水介质阻滞了海水入侵发展，虽受反向水力梯度影响，则海水入侵程度缓慢。

（2）气候因素：

1）降水补给是海水入侵的重要因素。洋戴河平原区地下水主要依靠降水和河水渗透补给。判断地下水是否超采，主要是与地下水的补给量比较而言。在枯水年，尤其是连枯年份，降雨少，则农业等地下水开采量反而增大，地下水位持续下降，漏斗面积扩大。秦皇岛沿海地区降水量年际和年内变化较大，而且1979年以来持续干旱少雨，年均降雨量较1979年前大幅下降，地表径流断流，自然降水补给量少于地下水开采量，这是形成该区海水入侵的重要动态因素。

2）风暴潮影响。洋戴河平原区风暴潮发生频繁，潮位高，一般3~5 m，潮水入侵陆地范围广，距离远，一般5~10km，从而造成海水倒灌入渗；同时，潮水沿河道上溯，使海水沿河入侵向其两侧入侵更远。风暴潮灾害对洋戴河平原东部地区的海水入侵，起到很强的叠加作用。

（3）地理环境因素：洋戴河平原区河流所在处海水入侵内陆距离较长。根据海咸水楔形体渗透长度计算公式（Custodio E.，1987），在河道处等沉积颗粒粗、渗透性强的地段，海咸水楔形体渗透距离长。同时，由于洋戴河都属于季节性河流，河流流程较短而坡降很大，汛期排水迅速，对于降雨缓慢入渗补充地下水极为不利。加上连年干旱，河水断流，失去了对上溯潮水的顶托和阻挡作用，潮水更易上溯到内陆地区，加快了海水倒灌入渗的速度。因此，该区海水入侵沿河表现强烈，入侵内陆距离远大于其他地区。河流对海水入侵范围起着控制作用。由于洋戴河平原区本身地势较低平，地面标高近海仅为 2~5m，地下水埋藏较浅，自然状态下地下水标高为 0~2m。季节性的农业开采，造成地下水往复升降，当地下水位低于海平面，形成水位负值时，从而引发海水入侵。

人为因素包括超量开采地下水、河流上游蓄水、河道采砂、沿岸工程建设的影响等。

（1）超量开采地下水是洋戴河平原区海水入侵的主要因素：20 世纪 60 年代以来，随着工农业生产的发展，开始大量开采地下水，80 年代后期，抚宁县南樊各庄-留守营镇-前韩家林工业开采漏斗的形成，漏斗中心水位持续下降，并与东部枣园地区原开采漏斗相连，在洋戴河平原近海岸形成大面积的地下水位负值区。低于海岸带平均潮位的地下水位负值区的出现，成为诱发海水入侵的主导因素。

（2）河流上游蓄水：在洋戴河上游，分别于 1959 年、1972 的建设水库，大大减少了向下游的补给量，洋河水库库容达 3.5 亿立方米；1972 年，在戴河上游修建了鸽子塘水库，后又在戴河的中游修建了小型水坝，大大减少了沿海地区的入海地表径流，使下游地下水补给量减少，滨海陆地地下水位不断下降，洋、戴河下游枯水季节几乎无水入海，加速了海水的入侵。

（3）河道采砂：随着工程建设对砂石料需求的增加，洋、戴河下游河道及两侧的过度采砂现象严重，形成多个低于河道底部标高的砂坑，改变了河道底部的渗透性能，挖去了原本起到防止潮水渗透作用的河道底部的那一层淤泥，致使底部强渗透性的砂砾层显露出来。海潮上溯之后，将大量海水涌入砂坑滞留，通过砂砾石层顺利渗入地下以咸化地下水。河床采砂使河床降低，而潮水可上溯更远的距离，潮水及退潮后滞留的海水下渗到含水层。

（4）沿岸工程建设的影响：港口的建设施工，破坏了淡水与海水之间的隔水层，使海水更易侵入淡水层。加速了海水向内陆的渗透。

超量开采地下淡水，采补平衡失调导致地下水位下降是造成洋戴河平原区海水入侵的决定性因素。在人为因素的诱发作用下，自然因素对海水入侵灾害的叠加作用表现更加强烈。

总之，在影响海水入侵的影响因素中，干旱少雨、水资源不足是背景因素，地质因素是基础条件，控制着海水入侵的分布、途径和方式；不合理的人类活动尤其是过量开采地下水是诱发条件，控制和改变着海水入侵的发展方向和速率。

## 3.5 洋戴河平原海水入侵的发展演化模式

通过对秦皇岛市沿海平原海水入侵动态发展过程的分析，可以看出洋戴河平原海水入侵与地下水位的关系密切。二者的发生发展具有明显的阶段性、规律性，可综合成如下模式：

第一阶段：洋戴河平原在1978年以前，由于人工大量开采地下水，尤其是在枣园水源地，集中开采造成地下水位大幅度下降，虽还没有出现负值区，但已使得海淡水间原来的平衡受到破坏，咸淡界面开始向内陆移动，在少数地区有零星海水入侵发生。

第二阶段：1979~1982年，随着地下淡水的不断超采，在枣园地区出现地下水位负值区，规模较小，平面边界为圆形（可称其为圆形漏斗）。其他地区地下水位下降，但尚未形成降落漏斗，海水入侵主要发生在枣园地区及洋河支流浦河两侧，且分布较为零散。

第三阶段：1983~1987年，随着地下淡水源的进一步超采，枣园漏斗不断扩大、加深，在枣园地区形成以河道为中心的双驼峰状海水入侵雏形，高峰中心在王各庄-枣园-西六庄-蒋营一带，低峰中心在小王庄附近。同时西部樊各庄-留守营漏斗开始形成，在洋戴河平原沿海地区形成多处地下水位负值区。存在负值区的地带，海水入侵快，因而在平面上海水入侵边界呈波浪状。

第四阶段：1988~1994年，东部枣园水源地由于水质变咸而大幅减采，水位缓慢回升，但负值区面积并未完全消失，负值区中心向西移动，枣园地区海水入侵体仍为双峰状，但两峰位置分别西移至都寨-东河南一线和白玉庄一线。西部降落漏斗和负值区面积不断扩大，与东部枣园负值区相连成片。负值区零米等值线不断向海岸扩展，海水入侵前锋界面已进入漏斗一侧分水线。

第五阶段：1995~2000年，原枣园水源地基本停采，新水源地开始向西迁移，受北迁水源地和西部强抽水影响，海水入侵区开始向西向北移动，海水入侵体的双峰位置又分别西移至洋河套和王各庄-孟庄一带。2000年的低峰中心恰是1986年的高峰中心。洋戴河区海水入侵中心的西移，是受西部开采漏斗的影响，由于西部沿岸地区含水层渗透性差，海水入侵仍以渗透性强的浦河和洋河为优势通道，进入内陆地区，在东向水位差的作用下，枣园水源地残留海水，新渗海水及随潮涌入的海水沿漏斗东西向中心线方向顺含水层向西渗透，同时在北迁水源地开采作用下，在白玉庄一带，顺洋河古河道快速向北推移。

第六阶段：2000~2005年，洋河-浦河-戴河区水质变咸后，水田大面积改种大田，东区地下水开采进一步减少，负值区面积只随季节而变化。西区留守营工业开采则不断加大，洋戴河平原地下水开采中心西移，负值区与原枣园水源地负值区连成一片，海水入侵继续西移，受北部新开水源地影响，且有向北移动的趋势。

# 4

海水入侵数学模型与数值模拟

为进一步分析洋戴河平原海水入侵的发展过程，预测今后不同时期不同条件下海水入侵可能发生的范围和程度，为今后防止和治理海水入侵提供依据和方案，本书研究采用 FEFLOW 软件对洋戴河平原海水入侵进行模拟分析。

滨海含水层中的海水入侵存在一个可混液体间水动力弥散的问题。由于海水与地下淡水完全可以相互溶解，洋戴河平原咸淡水之间存在着较宽的过渡带，在这种情况下采用突变界面模型是不适用的。因此，过渡带海水入侵的数学模型中用两个偏微分方程来描述，第一个方程用来描述密度不断改变的咸淡水混合液体的流动，第二个方程用来描述混合液体中盐分的运移。鉴于该区海水入侵调查结果和观测数据的限制，建立了一个考虑密度差异的三维海水入侵数学模型，对洋戴河平原地下水流场和化学场进行数值模拟。由于资料所限，综合考虑洋戴河平原区水文地质条件，将该区概化为三层的三维潜水含水层模型。

## 4.1 海水入侵的数学模型

根据分析结果，拟建立三维非均质各向异性饱和含水层的变密度地下水流及溶质运移模型。在模型中，只考虑浓度对水流和物质运移的影响，不考虑温度的影响。因此，根据 FEFLOW 的基本模拟方程，本次模拟的水流基本方程见式（4-1）~式（4-3）：

$$S_0 \frac{\partial h}{\partial t} + \frac{\partial q_i^{\mathrm{f}}}{\partial x_i} = Q_\rho + Q_{\mathrm{EB}} \tag{4-1}$$

$$Q_{\mathrm{EB}} = -\varepsilon \left( \frac{\alpha}{C_{\mathrm{s}} - C_0} \frac{\partial C}{\partial t} \right) - q_i \left( \frac{\alpha}{C_{\mathrm{s}} - C_0} \frac{\partial C}{\partial x_i} \right) \tag{4-2}$$

$$q_i = -\boldsymbol{K}_{ij} \left( \frac{\partial h}{\partial x_j} + \frac{\rho^{\mathrm{f}} - \rho_0^{\mathrm{f}}}{\rho_0^{\mathrm{f}}} \boldsymbol{e}_j \right) \tag{4-3}$$

式中　　$h = p^{\mathrm{f}}/(\rho^{\mathrm{f}} g) + x_3$——该点处的实际水头；

$\rho^{\mathrm{f}}$——流体的实际密度；

$\rho_0^{\mathrm{f}}$——参考密度，即淡水密度；

$C_{\mathrm{s}}$，$C_0$——最大浓度和淡水浓度；

$\varepsilon$——孔隙率；

$\alpha$ ——流体密度差率；

$e_j$ ——重力单位向量；

$K_{ij}$ ——该点处相对于实际的流体密度和实际的流体动
力黏滞系数的水力传导率张量；

$S_0$ ——给水度；

$Q_\rho$ ——单位体积多孔介质中流体的源汇流量；

$q_i^f$ ——地下水 Darcy 流速；

$t$ ——时间；

$x_i$ ——笛卡儿坐标，$i$，$j$ = 1，2，3。

在本次模拟中，淡水参考浓度定为 90mg/L，密度差率按海水平均浓度定为 0.0245。

在模拟中，咸淡水之间的溶质交换以氯离子的浓度表示，因此，未考虑吸附及化学反应变化，模型的地下水中溶质质量守恒方程表达式为：

$$\frac{\partial}{\partial t}(\varepsilon C) + \frac{\partial}{\partial x_i}(\varepsilon v_i C) + \frac{\partial}{\partial x_i}(j_i) = Q_c \tag{4-4}$$

$$j_i = -(D_{ij}^{mol} + D_{ij}^{disp})\frac{\partial C}{\partial x_j} \tag{4-5}$$

式中 $D^{mol}$ ——分子扩散系数；

$D^{disp}$ ——机械弥散系数；

$v_i$ ——沿 $i$ 方向地下水的实际流速；

$Q_c$ ——溶质的源汇项，其他同上。

## 4.2 洋戴河平原数值模拟

### 4.2.1 地层结构的恢复

洋戴河平原是秦皇岛市辖区内较大的第四系冲洪积、冲积海积平原，面积约 234km²。根据区内 55 个钻孔资料，概化得出该区地层分布。整个洋戴河平原区按照地貌条件和地层成因类型大致划分成三类区域。第一类为洋戴河平原区西南一侧的区域，沉积物主要由细粒的亚黏土、亚砂土和黏土等组成，中间夹有少量的砂砾石层透镜体，透水性弱，地下水径流缓慢，为典型的洪积扇的沉积特征；第二类区域为区内中部和东北部的大片区域，具有典型的冲积物的沉积特征，沉积物特征上层为亚黏土、黏土等河漫滩相沉积物，具有相对隔水性，下层则是砂砾石层等河床相沉积物，透水性较强；第三类区域为靠近海岸带一侧的东南部区域，该区地层具有明显的冲积海积交互相沉积的特征。

洋戴河平原区地下水主要类型为第四系孔隙水。垂向上一般可划分为两到三个含水层，厚度各处不等：西北部含水层厚度为 8~15m，富水性相对较弱；中部和东北部的区域，含水层厚度为 10~60m，富水性好；西南部洪积扇一侧沉积颗粒细，黏土层发育，富水性较差；靠近沿海的东南部地区，沉积物厚约 50~70m，富水性较好。各含水层以粗砂、砾砂、砂卵石为主。各含水组之间的黏土层和亚黏土层多不连续，且多被工农业机井揭穿，因此整个洋戴河平原多表现为潜水性质，上下含水层多具有统一的水位。

### 4.2.2 模型边界概化

为方便模拟，确定模型的边界一般有两个原则。第一个原则就是在不增加太大计算量的前提下，尽可能充分地利用洋戴河平原区附近天然的水文地质边界。这些天然水文地质边界的位置可以通过已有的地形地质资料来确定。第二个原则就是尽量使模型边界线通过洋戴河平原区外围的各个水位或浓度观测井，这样能够通过插值方法将任何复杂的陆地边界问题处理成最简单的第一类边界。

1989 年韩再生对秦皇岛洋戴河地区海水入侵的数值模拟中，通过区内各个钻孔资料，将该区附近的山区与平原的分界线（地形 100m 等高线）视作模型的隔水边界，部分地段以戴河和海岸线作为了天然的水文边界作为模型的补给和排泄边界。

根据洋戴河平原区水文地质条件分析，模拟选定较完整的水文地质单元作为模拟的区域（见图 4-1）。模拟区的西侧以缸山为界，主要是侏罗系安山岩、凝灰岩；东部、北部以丘陵、台地为边界，平原基底为太古界混合岩，均属隔水边界；西北部以及山前平原为补给边界，补给边界的流体通量按洋戴河区的水均衡计算值给出；根据该区多年水位等值线图，西南边界与地下水位等值线基本垂直，将西南边界定义为零流量边界；潜水面定义为二类边界，边界上接受降雨补给，水位随入渗补给不断变化。南部海洋边界沿海岸线定义为已知水头和已知浓度一类边界。洋河、戴河为三类边界。陆地一侧按地下水 Cl⁻ 背景值 90.24mg/L 统一赋为已知浓度边界。

按沉积物的岩性特征和沉积厚度分析，山前冲洪积扇、冲积平原及冲积海积平原深层均应为承压水，但由于该区域机井密集又多，贯穿了各个含水层，加之区内黏性土层不连续，各含水层之间水力联系密切，从近年的观测资料可知，区内同一地点深浅观测井多具统一的水位，整个洋戴河平原为潜水含水层。

根据洋戴河平原区内钻孔资料，将该区地层从上至下概化为四层，上部第一层由亚砂土、亚黏土组成，为弱透水层；其下第二层间以细砂、中粗砂为主，为第一含水层；第三层以亚砂土、亚黏土及黏土为主，为弱透水层；下部第四层以粗砂和卵砾石为主，为第二含水层。根据区内的地下水流场，将地下水流系统概化为三维各向异性非稳定流。

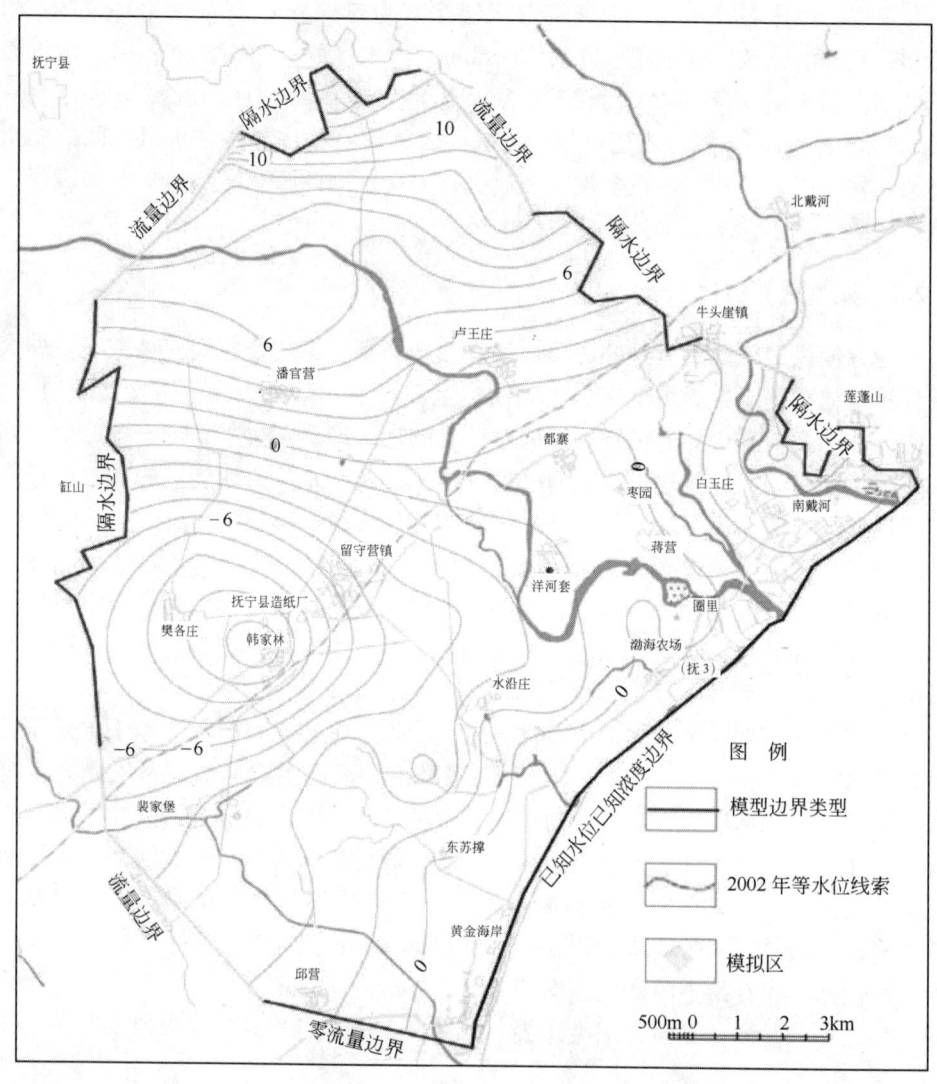

图 4-1 洋戴河平原海水入侵模型边界类型

### 4.2.3 计算区的时间和空间离散

从理论上讲，采用三角网格剖分的三角单元越接近于等边三角形，则各个方向上的水力坡度越趋近相同，迭代求解的地下水流场和浓度场越接近于真实的情况。因此，在网格剖分时，通过分区剖分和 Laplacian 变化使钝角三角形尽可能降低到最少。

剖分单元的数目（即单元的大小），以满足精度要求，又不增加太大计算量

为宜。为了解决求解对流-弥散方程中可能引起的常见的两类误差：数值弥散和数值振荡问题，在剖分网格时，要尽量使单元中弥散项占主导作用。以 $Pe$ 来定量的评价空间网格大小和最终数值解精确度之间的关系。其表达式为：$Pe = \left| \dfrac{V \cdot \Delta x}{D_h} \right|$，其中，$Pe$ 为无量纲的局部 Peclet 数，$V$ 为地下水的平均孔隙流速即有效流速（$LT^{-1}$），$\Delta x$ 为空间网格单元的大小（L），$D_h$ 为地下水的水动力弥散系数（$L^2T^{-1}$）。要使单元中弥散占主导作用，则空间单元的剖分应满足：$Pe \leqslant 2$。

参照以上对单元剖分的要求，本模型将面积为 234km$^2$ 的洋戴河平原区垂向上划分为四层。平面上按三角形进行三角网格剖分，在近海岸一侧加密，其网格大小要保证 $Pe \leqslant 2$，满足浓度计算精度要求。整个洋戴河平原区共剖分为 123960 个结点，196744 个单元（见图 4-2）。

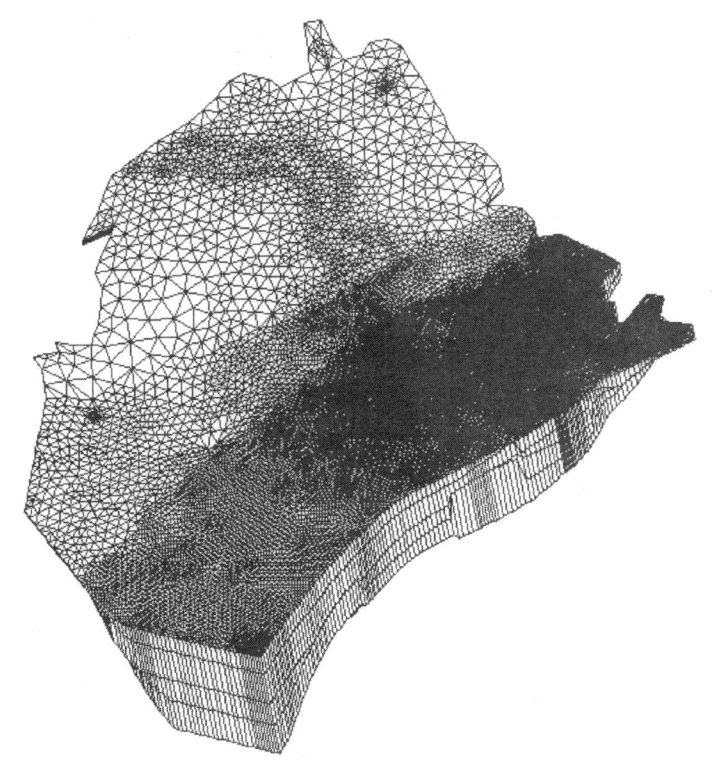

图 4-2　洋戴河平原区三维网格剖分图

初始时间为 2002 年 12 月，2002 年 12 月~2003 年 12 月为模型的校正期。2003 年 12 月~2004 年 12 月为检验期。采用自动时间步长，但限定最大时间步长为 1 天。

模型一类边界取平均海平面，并转换成淡水水头值；二类边界根据水位等值线及两侧观测井水位，估算出渗流速度后赋初值；三类河流边界分取上、中、下流各点观测水位，编辑成随时间变化的功能函数后，进行 3 点函数间的插值，形成随时间变化的河流水位。

### 4.2.4 模型的初始条件

模型的初始条件指的就是在模拟的开始时刻，整个计算区内每一个单元结点的水位或浓度分布情况。

#### 4.2.4.1 模型的初始流场

本模型以计算区内 2002 年 5 月 20 日区内 138 口井的实测水位值和海岸边界（取平均海平面高程为 0.86m）上共计 190 个结点的水位作为已知水位的结点，通过 Akima 线性插值方法生成模型的初始流场，如图 4-3 所示。

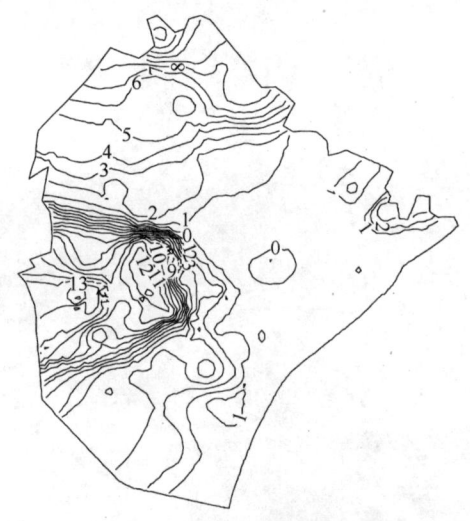

图 4-3 模型的初始流场

#### 4.2.4.2 模型的初始浓度场

洋戴河平原区 Cl⁻ 浓度样本数据多取自于各井潜水面以下大约 1m 的深度，这些数据赋值到三维模型的第一片，根据区内仅有两组（侵 8-6、侵 8-7 和 F4-1、F4-2）深浅井组的浓度对比，以及物探推断的咸淡水界的浓度梯度，推算出潜水含水层近底面的 Cl⁻ 浓度值，赋值到第三片。

初始浓度场的生成是以区内 2002 年 5 月 20 日共 54 口井的实测浓度值和海岸边界（海水 Cl⁻ 浓度取 18000mg/L，淡水背景值取为 90.24mg/L）上结点的浓度值作为已知浓度的结点，通过线性 Akima 线性插值生成模型的初始浓度场，如

图4-4所示。

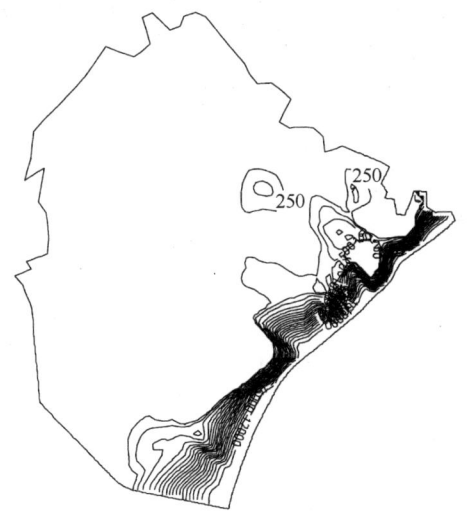

图 4-4 模型的初始浓度场

在洋戴河平原区北部大泥河一带存在一个深部地热入侵的点源，因此在图 4-3 和图 4-4 所示的初始流场和浓度场图中，该区域显示出一个局部浓度高峰区，因该区域远离本次研究的海水入侵区，因此在模型中未考虑此区域深部地热的影响。

### 4.2.5 模型参数分区

根据洋戴河平原区内的地貌分区，结合 1988 年韩再生的分区结果，首先将该区划分为 17 个降雨入渗补给和灌溉回归系数分区（见图 4-5）。

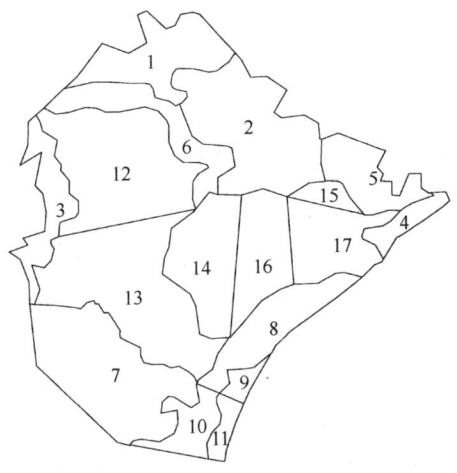

图 4-5 降雨入渗系数分区

根据秦皇岛水文队 55 个钻孔抽水实验得出的渗透系数和给水度值，参照洋戴河平原区水文地质剖面反映的含水组分布情况，将该区划分为 22 个渗透系数子区（见图 4-6），对上下两个含水层参照抽水实验求得的渗透系数赋给初值，对比水文地质剖面上下两含水组的岩性，多数区的下层岩性要比上层粗，因此，下部含水组的赋值比上层稍大。洋戴河平原区黏土层不连续，西南部及沿海带黏土层发育，而在中东部多数地区黏土层缺失，对这些地区的中间弱透水层概化成较薄的一层，且赋给的渗透系数较大。

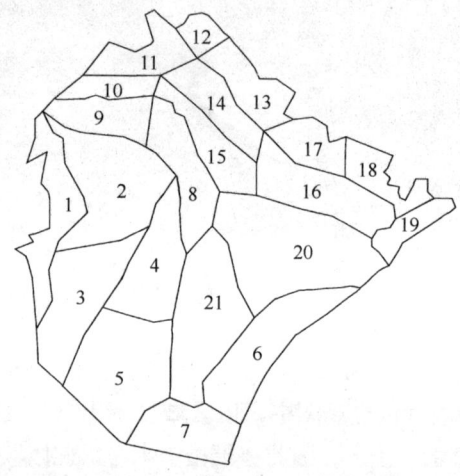

图 4-6 渗透系数分区

弥散度的选取：在项目调查中，为获取合分区较合理的弥散度值，秦皇岛水文队进行了室内实验和野外弥散试验。在洋戴河平原区模型构建中，还参照李国敏（1996 年）等研究方法，对比收集到一些其他地区相同沉积特性和岩性的纵向弥散度值，与该区互相对照参考，综合确定了数值模拟该区的弥散度分区。17 个纵向横向弥散度分区如图 4-7 所示。

## 4.2.6 模型的率定

模型是否与实际情况相符，需经过校正和检验两个过程。以 2002 年 12 月 ~ 2003 年 12 月为模型的校正期，调整各参数值，使观测井的水位、水质观测值与实际监测值基本拟合。再通过 2003 年 12 月 ~ 2004 年 12 月的模拟值与实际观测值的检验，确认模型的可靠性。

### 4.2.6.1 模型的校正

洋戴河平原区内共有水位长观井 7 口（fu3、fu5、fu7、fu39、fu28、fu39、fu60）。沿垂直海岸线方向，设有海水入侵监测剖面 4 条（侵 5 ~ 侵 8），共设 18

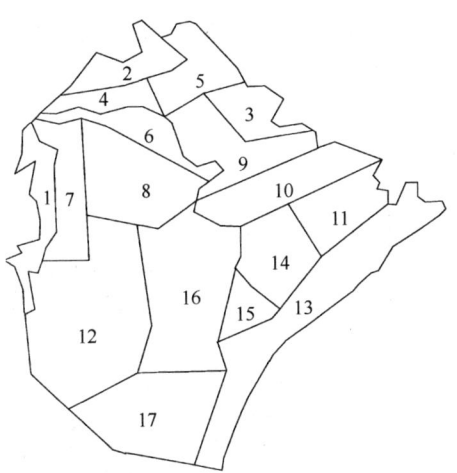

图 4-7 纵、横向弥散度分区

口浓度观测井（井位见图 4-8）。

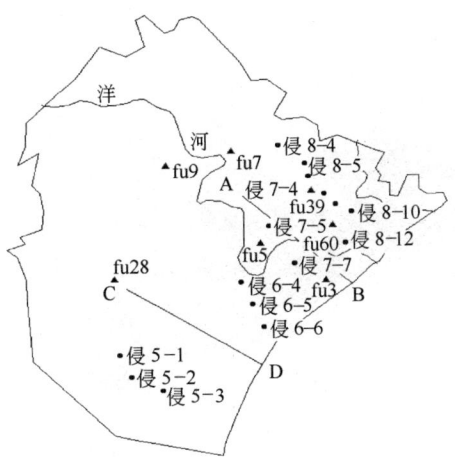

图 4-8 洋戴河平原区内主要水位、水质监测点

首先，建立一个二维稳定水流模型。以平均面状补给及边界补给量，对渗透系数等关键参数调整，当观测井的模拟水位与实测水位的平均值相符，模拟的初始水位与实测初始水位基本相符时，可基本认定模型参数与实际值相符。

其次，建立二维非稳定流水流及溶质运移模型。降雨入渗、地下水开采、边界流量等均为随时间的变化量。调整各类参数及各输入输出量的值，使观测井模拟值与实测值拟合较好，从而确定各类水文地质参数。

第三，建立三维非稳定流模型。在三维模型中，能更好地反映咸淡水界面的形态。

### 4.2.6.2 模型的验证

在校正期模拟的基础上，继续模拟至 2004 年 12 月，各观测井的模拟水位与实测水位、模拟浓度与实测浓度的拟合结果如图 4-9 和图 4-10 所示。

模拟结束时刻（2004 年 12 月）实测与模拟流场对比如图 4-11 和图 4-12 所示（模拟与实测水位均为第一片的水位值）。模拟结束时刻（2004 年 12 月）实

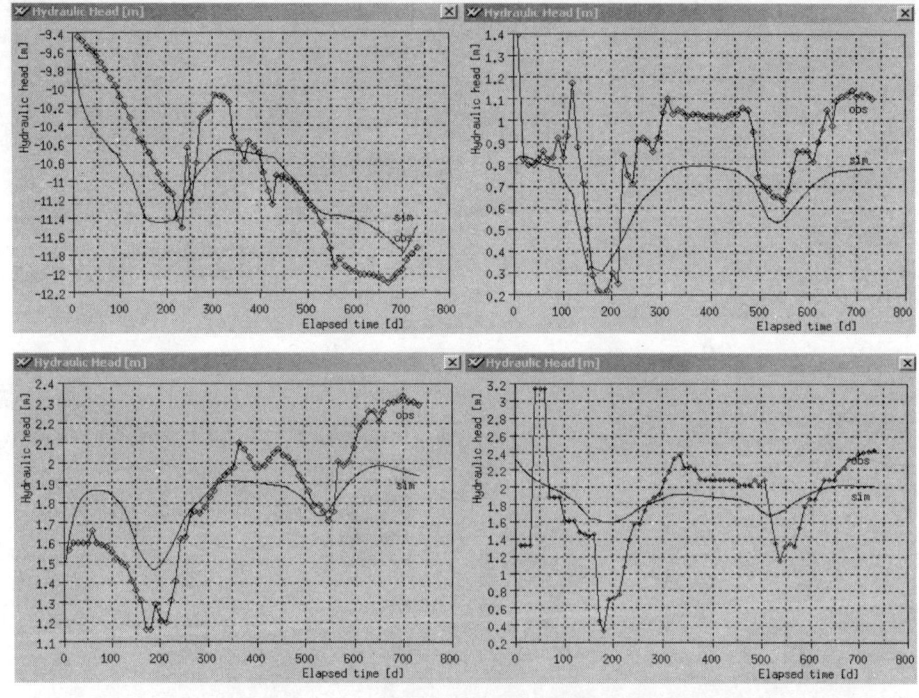

图 4-9 抚 28、抚 39、抚 7、抚 9 井的模拟水位与实测水位的对比曲线

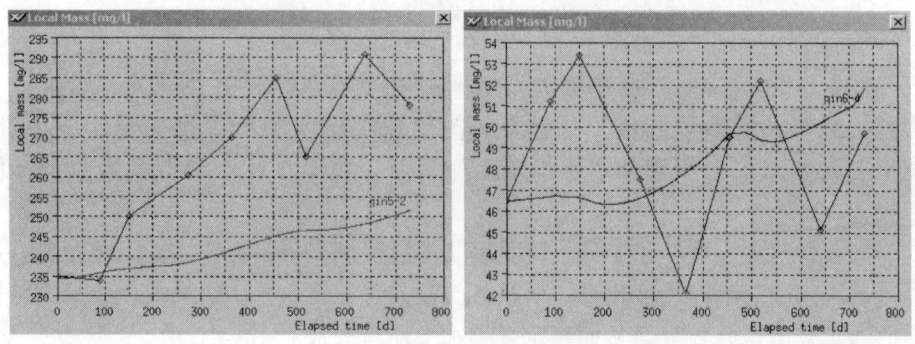

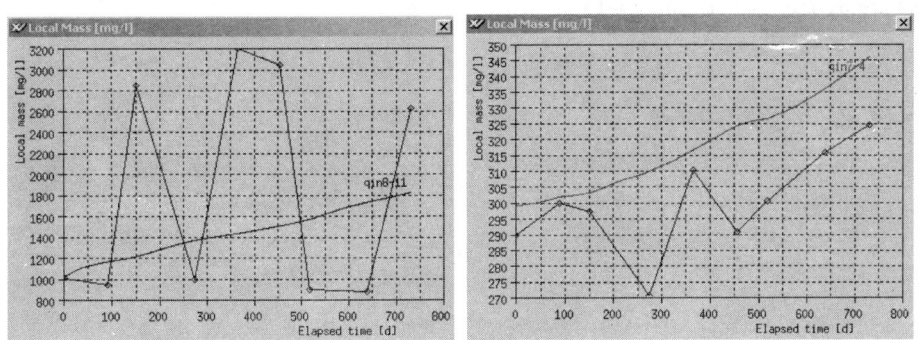

图 4-10　侵 5-2、侵 6-4、侵 7-4、侵 8-11 井的模拟水质与实测水位的对比曲线

图 4-11　2004 年实测等水位线

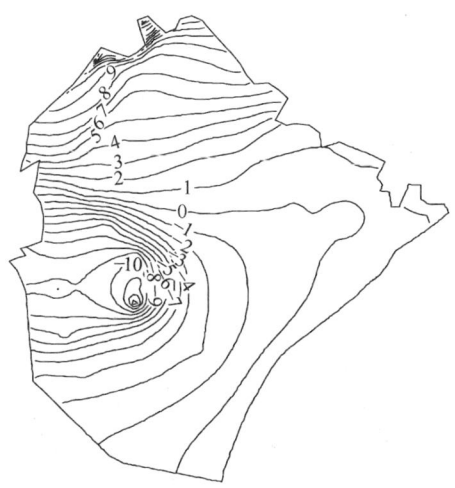

图 4-12　2004 年底模拟等水位线

测与模拟浓度场对比如图 4-13 所示。

图 4-13 实测（实线）与模拟（虚线）的 2004 年 12 月 Cl⁻ 等值线

结果分析：通过模拟与实测曲线的对比，地下水流场和浓度场的模拟结果与实测生成的流场和浓度场总体趋势基本是一致的。在西部漏斗一侧，水动力条件虽有利于海水入侵的发展，但由于西部区渗透性较差，入侵并不明显。东部虽开采量很小，但入侵面积并未缩减，可见海水入侵一旦形成，在不采取任何治理措施的自然条件下，入侵的海水很难退去。由于东部地区河道及古河道的存在，使其成为海水及潮水入渗的优势通道，侵入后滞留的海咸水在西部漏斗影响下，总体表现为西移的趋势，这与实际情况是相符的。通过模拟与实测值的对比，二者趋势一致，表明所建模拟与实际基本相符。可以用其进行洋戴河平原区海水入侵现象的分析与预测。

部分井孔的水质拟合情况较差，分析原因如下：

（1）水位拟合：抚 3 井距海岸较近，模拟曲线为一较平的直线，与实际波动曲线不符。抚 3 井位于海洋潮汐波动的影响区，其水位变化与海水水位变化联系密切，但由于缺少模拟期间的潮汐观测资料，海岸边界统一按多年平均水位赋值为 0.86m。另外，由于近岸海底地形是以缓坡向海延伸的，含水层也会向海洋方向延伸一段距离，本次模拟将海岸线作为整个含水系统的边界，也会影响到近岸观测井的拟合。

（2）通过模型调参，不仅识别了含水层的水文地质参数，也进一步提高了对洋戴河平原区水文地质条件的认识，对长观井水位变化的影响因素有了进一步了解，抚28井水位主要受集中开采影响，抚5井水位附近也有集中农业开采井。因此，将该区集中开采井群主要概化在这两眼井所在的区内。抚7井和抚9井除受开采影响外，还直接受边界补给的影响。抚39井水位呈上升趋势，表明在洋戴河东部枣园水源地停采后，近两年内水位逐渐恢复。

（3）水质拟合：入侵区内连续观测的水质监测井只有18眼（每年于3、5、9、12月观测四次），部分井从2003年才开始观测，因此，实测曲线在开始阶段为通过原点的直线，剔除这个因素，大部分监测井拟合较好，近岸地带井的拟合偏离较大，以抚3井拟合最差。分析原因：一是可能渗透系数按区赋值，在近岸带受黏性层分布不均影响，渗透系数在小区域内变化较大；二是井群集中概化在抚28井和抚5井所在的两个区内，近岸生活等开采用水没有反映出来；三是未考虑潮汐作用。

通过识别，确定的各分区的纵、横向弥散度分区和渗透系数见表4-1。

**表4-1　各区主要识别参数纵、横向弥散度和渗透系数综合一览表**

| 各区编号 | 纵向弥散度/m | 横向弥散度/m | 渗透系数 | 各区编号 | 纵向弥散度/m | 横向弥散度/m | 渗透系数 |
|---|---|---|---|---|---|---|---|
| 1 | 5 | 0.5 | 20 | 12 | 22 | 2.2 | 16 |
| 2 | 24 | 2.4 | 15 | 13 | 23 | 2.3 | 17 |
| 3 | 20 | 2.0 | 10 | 14 | 32 | 3.2 | 18 |
| 4 | 22 | 2.2 | 6 | 15 | 26 | 2.6 | 21 |
| 5 | 24 | 2.4 | 11 | 16 | 15 | 1.5 | 12 |
| 6 | 24 | 2.4 | 5 | 17 | 30 | 3.0 | 18 |
| 7 | 20 | 2.0 | 8 | 18 | | | 19 |
| 8 | 20 | 2.0 | 27 | 19 | | | 12 |
| 9 | 32 | 3.2 | 42 | 20 | | | 18 |
| 10 | 25 | 2.5 | 30 | 21 | | | 16 |
| 11 | 22 | 2.2 | 12 | 22 | | | |

## 4.2.7　模型的分析、预测

构建数学模型的目的，就是对实际某一水文地质单元进行恢复和再现，经检验与实际符合较好后，用来分析及预测。经过流场和浓度场的拟合，验证了本模型能够较合理地反映本地区海水入侵的情况。

根据已建模型，对洋戴河平原今后的海水入侵趋势进行三种不同情况下的预测。

预测一：不同开采条件的预测。根据已建模型，对现状和节余开采两种条件下的海水入侵趋势进行预测。

（1）按现状开采条件（年开采量4700万立方米，每年超采约1500万立方米），对2006年底的海水入侵趋势进行预测。

预测时段的降雨量、地下水开采量、河流水位均参照模型率定期的值。模拟得出第二含水层2006年年底水位及浓度等值线如图4-14和图4-15所示。结果表明，如仍按目前的地下水开采方案，洋戴河平原区西部漏斗开采中心水位将继续缓慢下降，尽管西区的总体渗透性差，海水入侵范围仍缓慢向漏斗中心扩展，250mg/L氯离子等值线北移速率达200m/a。同时，东部地区海水入侵范围整体

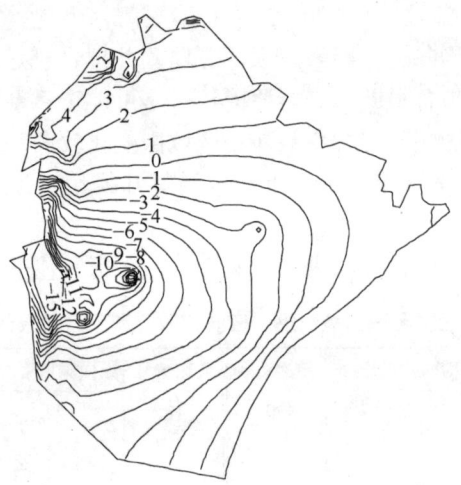

图4-14 预测的2006年年底等水位线图

图4-15 预测的2006年12月Cl⁻等值线（虚线）
与2004年12月Cl⁻等值线（实线）对比图

却向西移动，西移速率约为242m/a。预测20年左右250mg/L氯离子等值线将达漏斗中心部位（从两个方向）。

（2）按节余开采方式，对2006年年底的海水入侵进行预测。模拟结果显示，漏斗中心水位缓慢上升，250mg/L氯离子等值线北移速率变小，但海水入侵范围仍向北扩大。说明只要西部漏斗存在，海咸水仍会继续向北移动。

预测二：对不同降雨量条件下2006年年底的海水入侵趋势进行预测。

对洋戴河平原50年来降雨量进行统计，求得25%、50%和75%保证率的年均降雨量为814.3mm、670.4mm和517.9mm。以三种保证率对2006年年底海水入侵演变趋势进行预测。2006年年底的地下水位等值线如图4-16所示，浓度等值线图如图4-17所示。

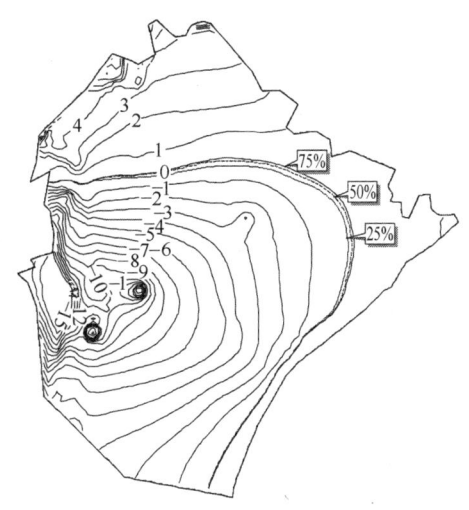

图4-16　按不同概率预测的2006年年底水位等值线图

不同降水量保证率模拟的2006年年底地下水位等值线图显示，25%保证率的负值区的面积最小，75%保证率的负值区面积最大。按25%、50%至75%保证率的降水量，模拟的开采中心最低水位分别为-13m、-16m、-17m。按25%保证率模拟的海水入侵的范围要小于50%~75%保证率入侵的范围。但三种情况下对海水入侵的范围影响不大，说明降雨量对海水入侵的影响主要还是通过干旱年份开采量的增加表现出来的。

预测三：实施防治工程情况下的海水入侵模拟预测。根据前述对洋戴河平原区海水入侵的成因及发展规律的分析，拟采用在洋河口建坝和人工补源两种防治工程。在洋河和浦河下游建坝（戴河中游已建拦水坝），防止海潮沿河的上溯。

人工补源工程即通过人工手段，垂直河床布开挖渗渠，利用天然坑道或

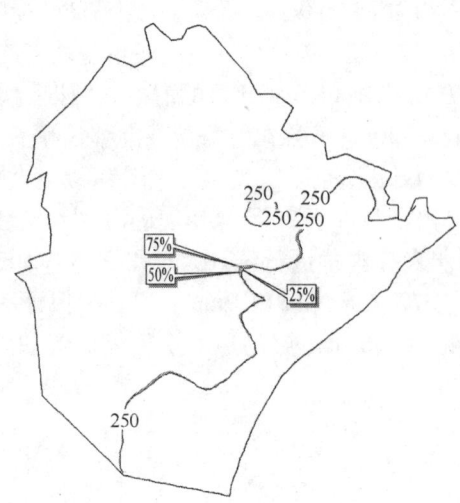

图 4-17 按不同概率预测的 2006 年年底浓度等值线图

开挖浅井作为地下水回灌的渗坑。将地表水渗入地下，有效增加地下水的补给量。

同时采用橡胶坝与人工补源两种措施，其模拟结果如图 4-18 所示。

图 4-18 采取防治措施（虚线）与现状开采条件下
2006 年 12 月 Cl⁻ 等值线对比

　　建坝后，将海水拦截在河口以外，因此，在河口处水质明显改善。西部地区向陆的入侵速率稍缓。东部河道两侧水质不仅无明显改善，反而因河流侧向补给地下水，使205mg/L的$Cl^-$等值线向河流两侧扩散。从模拟分析可知，减少地下水的开采，是防止海水入侵进一步恶化的必要措施。而一旦海水入侵灾害形成，缓解和根治这种灾害，是非常困难的。

# 5

洋戴河平原海水入侵防治方案

海水入侵灾害具有发展速度快、恢复缓慢的特点。因此，对已发生海水入侵灾害地区的治理应是一个长期的过程。

海水入侵最根本的原因是地下水的过量开采，破坏了地下水的平衡，使含水层中淡水水位低于海水水头。因而，控制和防止海水入侵最简单的手段是减少地下水开采量，使含水层水位不再继续下降。有海水入侵危害的地区，应大力发展节水型经济，大力推广节水农业和工业节水新技术，确保地下水开采量小于含水量的补给量。对于已被海水入侵的含水层，通过布置补给坑塘和回灌井的方法进行人工回灌，增大地下水的补给量。有条件的地区，应因地制宜地建造水利工程，拦蓄和利用地下径流和地表径流，充分利用流入海的洪水，扩大水资源的调蓄利用率。可在靠海岸处，平行于海岸线方向打一排回灌井，形成一条测压水位高于海平面的压力脊。这样，含水层中的水将不断由压力脊向海水的方向流动，防止海水入侵。此外，也可在靠近并平行于海岸处设置抽水排井，形成一条较深的水位低槽，就像一条排水沟，防止海水进一步入侵。这些方法是通过水资源的平衡和控制地下水位的措施来防止海水入侵，另外，也可以通过改变含水层透水性的方法解决这个问题，如沿岸建立地下水隔水墙，以阻止海水通过。

各种防治方法各有利弊，因此海水入侵必须立足于综合整治方案，即按区域地质、水文气候和生态环境脆弱现状设计综合治理规划并付诸实施。

秦皇岛海水入侵综合治理的总体规划和目标是：基本控制洋戴河平原区海水入侵的发展态势，逐步降低海水入侵程度，提高海岸带水资源的保证率，促进沿海地区经济、资源、环境的协调发展。

## 5.1    洋戴河平原区海水入侵的防治对策

由第 3 章洋戴河平原区海水入侵的规律和成因分析及第 4 章数值模拟预测分析可知，造成洋戴河平原区的海水入侵的主要原因如下：

（1）由于过量开采地下水，形成地下水位负值区，海水在水力梯度作用下沿含水层侵入到淡水区。

（2）由于河流上游水库蓄水，河水水位降低以至干枯，失去了河水顶托作用，潮水更易沿河向内陆侵入，入侵距离更远。同时由于挖砂等人为对河道的破坏，入侵海水不能短期内随潮水退出河道而长期滞留。

（3）季节性的地下水升降，也成为洋戴河平原东部地区海水入侵的动力，海水入侵随季节作周期性变化。

单一从防治海水入侵灾害的角度讲，防治的根本方法是控制开采或停采地下水，减少水库上游蓄水，提高洋戴河平原的地下水水位和河水水位，禁止工程建设对河道和海岸的破坏。然而，洋戴河平原海水入侵加剧的深层次原因是经济发展与资源环境失衡的矛盾，停采或大幅减采是不切合实际的。因此，根据秦皇岛海水入侵综合治理规划，需在保证当地经济建设的基本用水量又使海水入侵灾害有效缓解的前提下，开源节流，疏导结合，采取切合实际的海水入侵防治方案。

根据洋戴河平原区海水入侵的现状、影响因素及发展趋势，参照目前其他地区海水入侵防治的成功经验，提出洋戴河海水入侵的综合防治方案。

## 5.2 海水入侵的防治方案

### 5.2.1 水资源管理方案

#### 5.2.1.1 地下水开采

为确定洋戴河平原的合理开采量，在海水入侵调查中，运用人工神经网络方法，选择地下水开采量和降水量作为网络模型的输入单元，地下水的 $Cl^-$ 浓度和海水入侵面积作为输出单元，建立了简单的三层网络模型。选用 1986～2003 年洋戴河开采量、降水量、$Cl^-$ 浓度、海水入侵面积的 18 年样本，对网络模型进行训练。以多年平均降水量，预测不同开采条件下 $Cl^-$ 浓度和海水入侵面积的曲线变化特征、拐点即地下水开采量的阈值。经预测分析，洋戴河平原的开采量阈值为 3000 万立方米/年。与多年平均降雨量在整个洋戴河平原的入渗量是一致的。

从海水入侵数值模拟和人工神经网络的预测可知，要控制洋戴河平原海水入侵不断恶化的趋势，年度地下水平均开采量不能超过地下水年度补给量。现开采量约为每年 4600 万立方米，多年平均蒸发量为 400 万立方米左右，多年平均降雨量约为 680mm，全区形成的降雨入渗地下水、灌溉等回归水及侧向补给等约有 3700 万立方米。因此，洋戴河平原年超采量约在 1300 多万立方米。以现状开采强度模拟的预测海水入侵变化趋势反映，在开采量较少的东部地区，海水几乎不再向内陆一侧推进，西区沿岸一带渗透系数较低，在强抽水中心的作用下，海水缓慢向陆地推移（模拟入侵速率比实际大），同时，东部海水入侵区有整体西移的趋势。所以，尽管目前在降落漏斗作用下，西区海水入侵不明显，但随着东部海水入侵区的西移，也会很快影响西部的淡水资源。所以洋戴河平原的最佳开采量不应超过 3000 万立方米/年。

地下水开采应以西部地区为主，从洋戴河平原区水文地质条件分析及数值模拟分析可知，同样的开采量，在东部形成的海水入侵危害远较西部大，海水会很快沿高渗透性的河道侵入内陆。所以，该区总的地下水开采方案为西区应按开采量阀值进行限采，控制漏斗的发展，东部则应严格禁采。

### 5.2.1.2 水资源的合理调配

限采地下水必然会加剧洋戴河区用水紧张的矛盾。开辟新的水源，增加该区外调客水量是十分必要的。秦皇岛市于1991年开通了"引青济秦"工程，通过调引青龙河客水相对减缓了海水入侵的速度，但是由于调水主要用于城市用水，没有从根本上缓解该区海水入侵的灾害。随着南水北调工程向天津、北京的供水，洋戴河平原区外调水将逐渐减少，可调用的客水量增大，有望从根本上防治洋戴河区海水入侵问题。

### 5.2.1.3 强化综合协调管理和节约用水机制

有关管理部门应加强水资源调控措施，合理调配各个用水环节的用水需求，改变地下水开采的无序状态，提高工业利用的重复利用率。同时，还应加大执法力度，严禁在河道挖沙取沙，对于沿海岸线建设的工程要进行预测评估，防止人为加剧海水入侵现象的发生。

## 5.2.2 工程治理方案

在限采地下水资源的同时，还应配合必要的工程措施，才能减缓洋戴河平原区海水入侵灾害的程度。经多年研究实践，已初步形成海水入侵的综合防治工程体系，方法包括构筑地下防渗墙、地下淡水帷幕、修建河口橡胶坝、在近海和内陆修建联合槽幕等。山东沿海及其他地区的实践经验表明，有些工程方案虽有效地阻止了海水入侵灾害的发生，却有投入管理费用高、引起水质恶化和污染、改变自然生态环境等问题。因此，海水入侵的治理应以洋戴河平原区条件为基础，以不破坏当地的自然生态为原则，在洋戴河区较好的防治措施以地表的人工补源及在洋河口修建橡胶坝为宜。

针对东部河流地区，海水入侵的主要通道为洋河、浦河、白玉庄河的河道，入侵物源主要是随潮汐涌入的海水，因此，在洋河及其支流河口处建坝阻挡海水入侵是十分有效的。模拟的橡胶坝约为3m，坝前水位为1.9m。

洋戴河平原降雨多集中在7、8、9三个月，滨海地区河道源短流急，降雨形成的地表水量多直接径流入海。该区地表又多为渗透性较差的亚黏土层，不利于降水入渗，针对此，可采用人工补源工程，即通过简单工程，去掉含水层上部弱透水层，使地表河水和降水能直接进入含水层中，增加地下水的补给量，工程主要由渗渠和渗井组成，可改造利用挖沙形成的坑塘。工程设计在洋河主河道两侧垂直河床布设渗渠，间距50m，设计总数400条，长度50~100m。在白玉庄河设计20条渗渠，长度40m，深2.0~3.5m。在主河道的渗渠中设计开挖渗井眼2000个。从橡胶坝和人工补源模拟结果分析，综合采用上述两种治理措施，对减缓洋戴河平原海水入侵是很有效的。

# 6

❖❖❖❖❖

# 结　语

洋戴河平原由于过量开采地下水，自 20 世纪 80 年代以来，开始出现海水入侵现象，海水入侵范围不断扩大。为查清洋戴河平原海水入侵的成因及发展规律，预测今后海水入侵的发展趋势，减缓入侵灾害的发生，提出合理的防治措施，本文从洋戴河平原区地下水开采历史和水化学场变化特点入手，对洋戴河海水入侵的范围、通道、方式、特点进行了分析，总结了该区海水入侵的规律及成因，运用数值模拟对该区的成因规律进行了验证，对各种防治措施进行了模拟评价，提出了该区合理的开采地下水和防治海水入侵的方案。对洋戴河平原区海水入侵形成的认识如下：

（1）洋戴河平原区含水层厚度及岩性分布不均，含水层底部起伏大。西南部洪积扇一侧沉积颗粒细，黏土层较发育，透水层与弱透水层交互沉积，含水层的富水性较小。该区中部和东北部的区域，属洋戴河的冲积平原，具典型的冲积物二元结构特征，上部为黏土、亚黏土，下部为砂卵砾石层，透水性较强。靠近沿海的东南部地区地层，具有明显的冲积海积相互沉积的特征，第四纪沉积物较厚，一般为 50~70m。垂向上划分为三层，上层以细砂、中粗砂为主，概化为第一含水层；中间以亚砂土、亚黏土及黏土为主，概化为弱透水层；下部以粗砂和卵砾石为主，概化为第二含水层。

（2）按不同地貌特征、不同地层岩性和不同开采历史，将洋戴河平原划分为东西两种类型的海水入侵区，西部为典型的受开采漏斗影响的海水入侵区，东部为受河流支配的海水入侵区。西部入侵方式为沿含水层的面状入侵，入侵物源为海水，入侵形成的浓度等值线基本平行于海岸线，海水入侵缓慢；东部目前的海水入侵方式主要为潮流入侵和季节性海水入侵，入侵物源有随潮流涌入的海水、顺含水层侵入的海水及原残留海水。

（3）洋戴河平原区海水入侵的主要原因是地下水的开采，开采形成的地下水位负值区与海水入侵面积具有较好的相关性，海水入侵面积与开采量的关联度较好。降雨对海水入侵有影响，但其影响方式也主要通过干旱年份开采量的加大形成。东部形成的大片入侵区是早期枣园水源地开采海水侵入后滞留而成的。海水入侵一旦形成，即使停采，原来入侵的海水也不会在短期内消退，它对环境造成的影响持续长久，现状海水入侵的分布是在原入侵基础与目前水动力条件形成的海水入侵的叠加。

（4）洋戴河区海水入侵面积正在缓慢增长。从各年度 $Cl^-$ 平均浓度及西部地区两条监测剖面不同年份间的对比看，海水入侵的程度在不断增加。不断加深扩大的西部开采漏斗对洋戴河平原海水入侵影响较大，一是从东西方向上，在漏斗较大水力梯度的作用下，东部海水入侵区整体向西移，从侧面向漏斗一侧侵入漏斗区。沿垂直海岸方向，尽管西部地区沿海地层渗透性差，在漏斗作用下，海水还是缓慢侵入，从海岸一侧向漏斗发展。

（5）综合分析，洋戴河平原区海水入侵灾害的成因是十分复杂的，除主要受当前开采量和降雨量的影响外，还与原开采条件下形成的海水入侵历史有关。入侵区的分布既受现存开采中心控制，又受河口地区潮汐作用和季节性农业开采的影响；概括其影响因素，可分为自然因素和人为因素两种。

超采地下水、河流上游蓄水、河道采砂、沿岸工程破坏等人为因素是导致海水入侵的根本性原因。沉积地层的良好渗透性、干旱少雨的气候、沿海风暴潮等自然因素加剧了海水入侵的发生程度和概率。

（6）通过数值模拟，提出了本区地下水开采的合理方案，洋戴河平原的开采量阈值应在每年 3000 万立方米左右，目前处于超采状态。地下水开采布局应以西区为主，相同开采量下，东区产生的海水入侵程度远大于西区。因此，东部地区应严格限采，西区应逐渐减采，逐步回升西部漏斗的中心水位，减缓海水入侵程度。

（7）根据洋戴河平原区海水入侵的成因和发生规律，提出了洋戴河平原区防治海水入侵的方案。在已校正的数值模型的基础上，对河口建橡胶坝和人工蓄水补源工程两种方案分别进行了模拟评价，在洋河口建坝，对阻止沿河上溯形成的海水入侵是十分有效的。但只采用橡胶坝一种措施，海水入侵范围并不能缓解。同时采用人工补源工程，河流两侧的水质不但得到缓解，整个地区的入侵范围也在缩减。可见，人工补源工程将失于蒸发和直接入海的地表水渗入地下，既能有效增加地下水的补给量，又有投资少、对环境影响小等特点，所以，采取长期的橡胶坝和人工补源措施，实现减缓洋戴河平原的海水入侵程度的目标，是切实可行的。

对洋戴河平原区海水入侵研究的建议如下：

（1）洋戴河平原区的西部地区是受地下水开采漏斗影响的典型地区，对分析地下水开采与海水入侵关系十分有利，但是，该区含水层的渗透性较其他区域差，海水入侵发展不明显，因此在调查中未将此区作为重点。建议在后续工作中加强西部地区的监测工作，最好能按上、中、下三层布设监测井，更好地反映海水入侵过渡带咸淡水界面的形状，分析开采中心与海水入侵的关系，预测该区海水入侵的发展趋势，同时，还可对黏性土层能否很好地阻止海水的入侵等相关课题进一步开展研究。

（2）洋戴河平原区开采井的分布及开采量数据较少，因此，面状开采量的赋值及开采井的确定存在不足。东部枣园地区的开采量与西部工业开采量未能分别进行统计，如能有上述数据，可根据开采量与海水入侵面积及 $Cl^-$ 浓度的关系，分别对东西两区海水入侵成因进行关联度分析，进一步证实不同开采条件、不同岩性、不同地貌区的海水入侵类型。

（3）由于缺少资料，建模中将海岸线简单概化为定水头边界，河流按年度平均水位和平均浓度赋值，没有考虑潮汐对地下水位和河水位的影响，而实际潮汐作用是导致东部枣园地区海水入侵的主要方式，建议今后加强对洋戴河平原区水位、水质及河流下游各点水位和水质时间序列值的监测，形成系统的长序列观测资料，以便更好地分析该区海水入侵的发生规律。

# 参 考 文 献

[1] 艾康洪. 漫尾岛咸淡水界面运移剖面二维水质数学模型及其应用［D］. 武汉：中国地质大学，1993.

[2] 鲍俊. 秦皇岛地区海水入侵的二维数值模拟［D］. 上海：同济大学，2005.

[3] 贝尔. 多孔介质流体力学［M］. 李竞生，陈崇希译. 北京：中国建筑工业出版社，1987.

[4] 贝尔. 地下水水力学［M］. 许涓铭译. 北京：地质出版社，1986.

[5] 蔡祖煌，马风山. 海水入侵的基本理论及其在入侵发展预测中的应用［J］. 中国地质灾害与防治学报，1996，7（3）：1~9.

[6] 蔡祖煌，马风山. 海水入侵的基本理论及其在入侵发展预测中的应用［J］. 中国地质灾害与防治学报 1996，7（3）：1~9.

[7] 陈崇希，林敏，舒本媛. 滨海承压含水层等效边界——以北海禾塘水源地为例［J］. 水文地质工程地质，1990（4）：2~4.

[8] 陈崇希，李国敏. 地下水溶质运移理论及模型［M］. 武汉：中国地质大学出版社，1996.

[9] 陈鸿汉，等. 沿海地区地下水环境系统动力学方法研究［M］. 北京：地质出版社，2002，9~60.

[10] 陈鸿汉，王新民，张永祥，等. 潍河下游地区海咸水入侵动态三维数值模拟分析. 地学前缘 2000，7：297~304.

[11] 成建梅，陈崇希，吉孟瑞，等. 山东烟台夹河中、下游地区海水入侵三维水质数值模拟研究［J］. 地学前缘，2001，8（1）：179~184.

[12] 成建梅，李国敏，陈崇希. 滨海、海岛海水入侵数值模拟研究［M］. 武汉：中国地质大学出版社，2004.

[13] 成建梅. 滨海多层含水系统海水入侵三维水质模型及应用［D］. 武汉：中国地质大学，1999.

[14] 丁玲. 大连市周水子地区海水入侵问题研究［D］. 大连：大连理工大学，2004，2~3.

[15] 范家爵. 海水入侵地区地下水质数值模拟方法的初步探讨［J］. 工程勘察 1988，4：12~16.

[16] 郭永海，等. 河北平原咸水下移及其与浅层咸水淡化的关系［J］. 水文地质工程地质，1995，3（3）：62~66.

[17] 郭占荣，黄奕普. 海水入侵问题研究综述［J］. 水文，2003，23（3）：10~15.

[18] 韩再生. 滨海孔隙含水层海水入侵的研究——以秦皇岛洋河、戴河冲洪积平原为例［D］. 武汉：中国地质大学，1988.

[19] 韩再生. 秦皇岛市洋河、戴河滨海平原海水入侵的控制与治理［J］. 现代地质 1990；4（2）：15~105.

[20] 黄歆宇. 基于 GIS 的海水入侵可视化系统的研制与开发——以秦皇岛选定地区为例［D］. 北京：北京师范大学，2003.

[21] 姜效典，王硕儒. 海水入侵地区咸水与淡水分界面计算［J］. 青岛海洋大学学报，

1995, 25（2）：216~220.

［22］阚连合，李昌存，陶志刚. 唐山南部沿海水资源开发引起的环境水文工程地质问题［J］. 河北理工大学学报，2009，31（1）：89~93.

［23］李采. 黄河三角洲南部广饶地区咸水入侵调查与研究［D］. 北京：中国地质大学，2005.

［24］李国敏，陈崇希，沈照理，等. 涠洲岛海水入侵模拟［J］. 水文地质工程地质，1995（5）：1~5.

［25］李国敏，陈崇希. 海水入侵研究现状与展望［J］. 地学前缘，1996，3（1，2）：1~5.

［26］李静，左文喆. 咸水越流过程中水、盐运移机理的实验设备［J］. 河北理工大学学报，2011，33（4）：97~100

［27］李琳，李昌存. 唐山地区环境地质问题［J］. 河北理工大学学报，2008，30（3）：142~143.

［28］梁杏，王旭升，张人权，等. 珠江口盆地东部第三纪沉积环境与古地下水流模式［J］. 地球科学——中国地质大学学报，2000，25（5）：542~546.

［29］刘艾礼，董广森，辛洪光，等. 秦皇岛市海水入侵沿海地区海水入侵的灾害研究［R］. 秦皇岛：河北省国土资源局秦皇岛矿产水文工程地质大队，2002.

［30］刘传正. 地质灾害勘查指南［M］. 北京：地质出版社，2000.

［31］刘杜娟. 中国沿海地区海水入侵现状与分析［J］. 地质灾害与环境保护，2004，15（1）：31~36.

［32］刘青勇. 海水入侵防治方法的研究［D］. 北京：中国地质大学，2005.

［33］马凤山，蔡祖煌，宋维华. 海水入侵机理及其防治措施［J］. 中国地质灾害与防治学报，1997，18（4）：16~22.

［34］马凤山，蔡祖煌，杨明华. 海水入侵灾害与区域农业持续发展对策［J］. 科学对社会的影响，1998，4：32~37.

［35］马凤山，蔡祖煌. 论海水入侵综合防治应用技术［J］. 中国地质灾害与防治，2000；11（3）：74~78.

［36］聂晶，赵全升，杨天行. 海水入侵数学模型研究现状与发展趋势［J］. 鞍山师范学院学报，2004，4（3）：16~18.

［37］秦皇岛矿产水文地质大队. 秦皇岛市海水入侵与海岸蚀退研究报告［R］. 秦皇岛：河北地勘局，1993.

［38］秦皇岛矿产水文地质大队. 秦皇岛市水入侵调查评价［R］. 秦皇岛：河北地勘局，2005.

［39］秦皇岛市水务局. 秦皇岛市沿海地区海水入侵灾害研究［R］. 秦皇岛：秦皇岛市水务局，2004.

［40］沈照理. 水文地球化学基础［M］. 北京：地质出版社，1993.

［41］孙纳正. 地下水流的数学模型与数值方法［M］. 北京：地质出版社，1981.

［42］陶志刚，李昌存，王明格. 唐山海岸带主要灾害地质因素及其影响［J］. 资源与产业，2009（3）：83~84.

［43］王丹，李昌存，艾立志. 唐山沿海地区海水入侵及防治措施［J］. 资源与产业，2006，

（3）：81~82.

［44］王英，左文喆，陈永理.咸水越流中膜效应对溶质运移的影响［J］.河北理工大学学报，2012，34（4）：62~64.

［45］吴吉春，薛禹群，刘培民，等.龙口-莱州地区海水入侵的发展与水化学特征.南京大学学报，1994，30（1）：98~110.

［46］吴吉春，薛禹群，谢春红，等.改进特征有限元法求解高度非线形的海水入侵问题［J］.计算物理，1996，13（2）：6~201.

［47］吴吉春，薛禹群，张志辉.海水入侵含水层中水-岩间阳离子交换的实验研究［J］.南京大学学报，1996，32（1）：71~76.

［48］吴吉春.海水入侵含水层中交换阳离子运移行为研究［D］.南京大学，1994.

［49］武强，徐建芳，董东林，等.基于GIS的地质灾害和水资源研究理论与方法［M］.北京：地质出版社，2001.

［50］徐叶净，左文喆.粘土矿物成因的初步研究［J］.河北理工大学学报，2013，35（1）：68~72.

［51］薛禹群，谢春红，吴吉春，等.莱州湾沿岸海水入侵与咸水入侵研究［J］.科学通报，1997，42（22）：8~2360.

［52］薛禹群，谢春红，吴吉春.海水入侵研究［J］.水文地质工程地质，1992，19（6）：29~33.

［53］薛禹群，谢春红，吴吉春.含水层中海水入侵的数学模型［J］.水科学进展，1992，3（2）：8~81.

［54］薛禹群，谢春红，吴吉春.水文地质数值法存在的问题及其对策［J］.地球科学进展，1996，11（5）：472~474.

［55］尹泽生，林文盘，杨小军.海水入侵研究的现状与问题［J］.地理研究，1991，10（3）：78~85.

［56］袁益让，梁栋，芮洪兴，等.非线性渗流耦合系统的数值方法及其应用［J］.应用数学和力学，2008，29（5）：575~579.

［57］袁益让，梁栋，芮洪兴.海水入侵及防治工程的后效预测［J］.应用数学和力学，2001，22（11）：1163~1171.

［58］张保祥，李福林.海水入侵的动态监测指标研究［J］.水文地质工程地质，1997，No.1：33~35.

［59］张永祥，薛禹群，陈鸿汉.莱州湾南岸潍坊地区咸-卤水入侵及其地下水化学特征［J］.地球科学——中国地质大学学报，1997，22（1）：8~94.

［60］张宗祜，等.华北平原地下水环境演化［M］.北京：地质出版社，2000.

［61］张宗祜，施德鸿，沈照理，等.人类活动影响下华北平原地下水环境的演化与发展［J］.地球学报，1997，18（4）：337~442.

［62］赵建.海水入侵化学指标及侵染程度评价研究［J］.地理科学，1998，18（1）：16~24.

［63］周训，陈明佑，鞠秀敏，等.广西北海市海水入侵原因及防治对策初探［J］.中国地质灾害与防治学报，1997，8（2）：77~83.

［64］周训，鞠秀敏，宁雪生，等.广西北海海水入侵状况分析［J］.地质灾害与环境保护，

1997, 8（2）：9～14.

［65］周训，鞠秀敏，王举平，等. 滨海含水层地下水水位的动态特征［J］. 地下水，1997，19（1）：15～18.

［66］周训，宁雪生，王举平. 北海市滨海含水层海水入侵的水化学判别［J］. 勘察科学技术，1997：9～13.

［67］庄振业，刘东雁，杨鸣，等. 莱州湾沿岸平原海水入侵灾害的发展进程［J］. 青岛海洋大学学报，1999，29（1）：7～141.

［68］左文喆，董军义. 唐山沿海开发应综合考虑的环境地质问题［J］. 资源与产业，2006，8（1）：82～85.

［69］左文喆，徐叶净，王英，等. 粘性土膜效应的实验研究［J］. 离子交换与吸附，2013，29（6）：551～560.

［70］左文喆，万力. 天津市平原区咸淡水界面下移特征分析［J］. 水文地质工程地质，2006，33（2）：13～17.

［71］左文喆，王国华，李静，等. 滦唐山矿水化学特征及涌水水源判别［J］. 矿业安全与环保，2012，39（3）：5～8.

［72］左文喆，杨燕雄，张征宇，等. 基于 GIS 的秦皇岛洋戴河平原地下水均衡分析［J］. 地下水，2009，31（3）：10～14.

［73］左文喆，杨燕雄，张征宇，等. 秦皇岛洋河-戴河沿海平原海水入侵数值模拟分析［J］. 自然资源学报，2009，24（12）：2087～2094.

［74］左文喆. 秦皇岛洋戴河平原海水入侵调查与研究［D］. 北京，中国地质大学，2006.

［75］A Larabi, F De Smendt. Numerical solution of 3-D groundwater flow involving free boundaries by a fixed finite element method［J］. Journal of Hydrology , 1997, 201, 161～182.

［76］Alexander H-D Cheng, Leonard F. konikow and driss ouazar. Special issue of transport in porous media on 'seawater intrusion in coastal aquifers'［J］. Transport in Porous Media, 2001, 43（1）：1～2.

［77］Aliewi AS, Mackay R, Jayyousi A, et al. Numerical simulation of the movement of saltwater under skimming and scavenger pumping in the pleistocence aquifer of Gaza and Jericho areas, Palestin. Transp Porous Media, 2001, 43（1）：195～212.

［78］Arad A, Kafri U, Fleisher E. The Na'Aman springs, northern Israel ：stalinization mechanism of an irregular freshwater-sea water interface［J］. Journal of Hydrology, 1975, 25, 81～104.

［79］Bakker M. A dupuit formulation for modeling seawater intrusion in regional aquifer systems［J］. Water Resour Res, 2003, 39（5）：40～1131.

［80］Bear J, A H D Cheng, Sorek S, et al. Seawater intrusion in coastal aquifers- concepts, methods and practices［M］. Dordrecht：Kluwer Publishers, 1999.

［81］Bear J. Dynamics of fluids in porous Media［M］. New York：Elsevier, 1972.

［82］Bear J. Hydraulics of groundwater［M］. New York：McGraw-Hill, 1979.

［83］Carr P A, Van der kamp G. Determining aquifer characteristics by the tidal method［J］. Water Resources Research, 1969, 5（5）：1023～1031.

[84] Chen C X, Jiao J. Numerical simulation of pumping test in multilayer wells with non 2 darcian flow in the wellbore [J]. Ground water, 1999, 37 (3): 465~474.

[85] Chen C X, Lim, Liu W B. Study on conceptional model for monocline aquifer 2 spring system [J]. Earth Science—Journal of China University of Geosciences, 2002, 27 (2): 140.

[86] Chen C X, Lin M, Su B Y. Determination of equivalent boundary in coastal confined aquifer——by example of Hetang pumping area in Beihai [J]. Hydrogeology an Engineering Geology, 1990 (4): 2~4.

[87] Chen C X, Lin M, Li GM, et al. Modelling of quasi-3D groundwater flow and studying of equivalent drainage boundary in Beihai Peninsula, Guangxi [J]. Journal of China University of Geosciences, 1992, 3 (1): 105~115.

[88] Cheng J M, Chen C X. Three 2dimensional modeling of density2dependent salt water intrusion in multi-layer coastal aquifers in Jahe River basin, Shandong Province China [J]. Ground Water, 2001, 39 (1): 137~143.

[89] Chin-Fu Tsang. 非均质介质中地下水流动与溶质运移模拟——问题与挑战 [J]. 地球科学——中国地质大学学报, 2000, 25 (5): 443~450.

[90] Custodio E, Bruggeman G A. Ground water problems in coastal Areas [M]. Belgium: UNESCO, 1987.

[91] Custodio E. Hydrogeological and hydro chemical aspects of aquifer overexploitation [A]. International Association of Hydrogeologists. Selected Papers on Aquifers Overexploition [C]. Hannover: Heise, 1992.

[92] Das Gupta A, Yapa P N D D. Saltwater encroachment in an aquifer: A case study [J]. Water Resources Resesrch, 1982, 18 (3): 546~556.

[93] Daus A D, Frind E O, Sudicky E A. Comparative error analysis in finite element formulations of the advection-dispersion equation [J]. Adv Water Resour 1985 (8): 86~95.

[94] Diersch H J G. Feflow finite element subsurface flow and transport simulation system——user's manual/reference manual/white papers [M]. Release 5. 0. WASY Ltd., Berlin 2002.

[95] Diersch HJG, Prochnow D, Thiele M. Finite-element analysis of dispersion-affected saltwater upconing below a pumping well [J]. Appl Math Model, 1984, 8: 12~305.

[96] Diersch HJG. Finite element modeling of recirculating density driven saltwater intrusion processes in groundwater [J]. Adv Water Resource, 1988, 11 (1): 25~43.

[97] E Custodio. Saline Intrusion. In: Hydrogeology in the service of man [A]. Memories of the 18th Congress of the International Association of Hydrogeologists [C]. Cambridge, 1985: 65~90.

[98] Essaid, H I. A multi-layered sharp interface model of coupled fresh water and saltwater flow in coastal system: model development and application [J]. Water Resources Research, 1990, 26 (7): 1431~1471.

[99] Freeis J G. Cyclic fluctuation of water level as a basis for determining aquifer transmissibility [J]. IAHS Publ, 1951, 33: 148~155.

[100] G Dagan, D G Zeitoun. Seawater-freshwater interface in a stratified aquifer of random permea-

bility distribution [J] . Journal of contaminant Hydrology , 1998: 185~203.

[101] Galeati G G, Gambolati G, Neumann S P. Cou pled and partially coupled Eulerian 2Lagrangian model of freshwater-saltwater mixing [J] . Water Resources Research 1992, 28: 149~165.

[102] Gupta AD, Yapa PNDD. Saltwater encroachment in an aquifer: a case study [J] . Water Resour Research, 1982, 18: 56~546.

[103] Henry HR. Effects of dispersion on salt encroachment in coastal aquifers [R] . In: Sea water in coastal aquifers US Geol Surv Water Supply Pap, 1613-C. 1964, 70~84.

[104] Huyakorn PS, Anderson PF, Mercer J W, et al. Saltwater intrusion in aquifers: development and testing of a three 2dimensional finite element model [J] . Water Resources Research, 1987, 23 (2): 293~312.

[105] Jiao J, Tang Z. An analytical solution of groundwater response to tidal fluctuation in a leaky confined aquifer [J] . Water Resources Research, 1999, 35 (3): 747~751.

[106] Josselin GE, Jong G, Van Dayk CJ. Transverse dispersion from an originally sharp fresh salt interface caused by shear flow [J] . J hydrolgeololgy 1986, 84: 55~79.

[107] Kolditz O, Ratke R, Diersch HJG, et al. Coupled groundwater flow and transport: 1. Verification of variable-density flow and transport models [J] . Adv Water Resour, 1998, 21: 27~46.

[108] Liang X, Wang X S, Zhang R Q, et al. Tertiary sedimentary environments and palaeo 2groundwater flow patterns in eastern Pearl River Mouth basin [J] . Earth Science—China University of Geosciences, 2000, 25 (5): 542~546.

[109] Li G M, Chen C X. Determining the length of confined aquifer roof extending under the sea by the tidal method [J] . Journal of Hydrology, 1991, 123: 97~104.

[110] Ma T, Wang Y X. Coupled reaction 2 transport modeling of migration of uranium (Ⅵ) in shallow groundsystem: a case study of uranium grngue site in southern China [J] . Earth Science—Journal of China University of Geosciences, 2000, 25 (5): 456~461.

[111] Moor Y H, Stoessell R K, Easley D H. Fresh-water/sea water relationship within a ground water flow system. Northeastern coast of the Yucatan Peninsula [J] . Ground Water, 1992, 30 (3): 343~350.

[112] Nawang W M, Kishi Y. Modelling of saltwater movement in multilayered coastal aquifer at Tanjuang Mas, Malaysia [A] . In: Proc of international conference on calibration and reliability in groundwater modelling [C] . Hague: IAHS Publ, 1990, 3~6: 112~119.

[113] Paillet, F L. Integrating surface and borehole geophysics in the characterization of salinity in a coastal aquifer [R] . U S Geological Survey Open File Report, 2001.

[114] Panigraphi BK, Gupta AD, Arbhabhirama A. Approximation for salt-water intrusion in unconfined coastal aquifer [J] . Ground Water, 1988, 18 (2).

[115] Pinder G F, Gray G. Finite element simulation in surface and subsurface hydrology [M] . Academic Press, 1977.

[116] Ralph R, Rumer JR, Shiau JG. Salt water interface in a layered coastal aquifer [J] . Water

Resour Research, 1968, 4 (6).

[117] Segol G, Pinder GF, Gray WG. A Galerkin-finite element technique for calculating the transient position of the saltwater front [J]. Water Resour Research, 1975, 11 (2): 7 ~343.

[118] Segol G, Pinder GF. Transient simulation of saltwater intrusion in southeastern Florida [J]. Water Resource Research, 1976, 12 (10): 65~70.

[119] Sherif MM, Hamza KI. Mitigation of seawater intrusion by pumping brackish water [J]. Transp Porous Media, 2001, 43 (1): 29~44.

[120] Sun H. A two dimensional analytical solution of groundwater response to tidal loading in an estuary [J]. Water Resources Research, 1997, 33 (6): 1429~1435.

[121] Voss CI. A finite element simulation model for saturated-unsaturated fluid-density-dependent ground-water flow with energy transport or chemically-reactive single-species solute transport [R]. US Geol Surv Water Resour Invest, 1984, 409 pp. [Rep 84~4396].

[122] W Z Zuo, G H Wang, J Li, et al. Water Source Determination of Mine Inflow Based on Non-Linear Method and Hydrochemical Characteristics [C]. Advanced Materials Research, 2012, 354~355: 92~97.

[123] Zheng C. MT3D-A modular three-dimensional transport model for simulation of advection, dispersion and chemical reactions of contaminants in groundwater systems, MT3D [M]. Documentation & User's Guide. S. S. Papadopulos & Associates, Inc. 1994.

[124] ZhouXun, M Chen, X Ning, et al. Numerical Simulation of Sea Water Intrusion near Beihai [J]. China. Environmental Geology, 2000, 40 (1~2): 223~233.

# 冶金工业出版社部分图书推荐

| 书 名 | 作 者 | 定价(元) |
|---|---|---|
| 地质学（第4版） | 徐九华 | 40.00 |
| 环境地质学 | 陈余道 | 28.00 |
| 地质灾害治理工程设计 | 门玉明 | 65.0 |
| 工程地质学 | 张荫 | 32.00 |
| 旅游地生态地质环境 | 范弢 | 25.00 |
| 滑坡演化的地质过程分析及应用 | 王延涛 | 25.00 |
| 绳索取心钻探技术 | 李国民 | 39.00 |
| 黄土滑坡灾害特征与防治对策 | 陈新建 | 39.00 |
| 土力学与基础工程 | 冯志焱 | 28.00 |
| 基坑支护工程 | 孔德森 | 32.00 |
| 岩土工程测试技术 | 沈扬 | 33.00 |
| 排土场稳定性及灾害防治 | 王运敏 | 68.00 |
| 土力学 | 缪林昌 | 25.00 |
| 岩石力学 | 杨建中 | 26.00 |
| 隧道现场超前地质预报及工程应用 | 张成良 | 39.00 |
| 地质遗迹资源保护与利用 | 杨涛 | 45.00 |
| 21世纪矿山地质学新进展 | 李广武 | 120.00 |